洗脱与光催化联合修复有机氯农药污染土壤技术

徐君君　著

北　京
冶　金　工　业　出　版　社
2024

内 容 提 要

本书全面阐述了一种创新的增效洗脱与光催化联合修复技术，专门针对有机氯农药污染土壤的高效治理。本书内容涵盖了土壤的洗脱剂筛选及参数优化、UV/针铁矿/H_2O_2 体系在降解氯丹方面的条件优化、吸附动力学和等温吸附研究以及降解机理分析。同时，本书还探讨了光催化氧化技术处理模拟土壤洗脱液中灭蚁灵的效果及其机理。

本书旨在为环境工程师、科研人员以及环保领域的专业人士提供一套实用的技术指南，同时也可作为高等院校相关专业的教学参考书。

图书在版编目（CIP）数据

洗脱与光催化联合修复有机氯农药污染土壤技术 / 徐君君著. -- 北京 : 冶金工业出版社, 2024. 8.
ISBN 978-7-5024-9935-8

Ⅰ. X592

中国国家版本馆 CIP 数据核字第 2024JX2897 号

洗脱与光催化联合修复有机氯农药污染土壤技术

出版发行 冶金工业出版社　**电　话** (010)64027926
地　址 北京市东城区嵩祝院北巷 39 号　**邮　编** 100009
网　址 www. mip1953. com　**电子信箱** service@ mip1953. com

责任编辑　于昕蕾　王雨童　美术编辑　彭子赫　版式设计　郑小利
责任校对　李欣雨　责任印制　禹　蕊
北京印刷集团有限责任公司印刷
2024 年 8 月第 1 版，2024 年 8 月第 1 次印刷
710mm × 1000mm　1/16；8. 5 印张；166 千字；126 页
定价 72. 00 元

投稿电话　(010)64027932　投稿信箱　tougao@ cnmip. com. cn
营销中心电话　(010)64044283
冶金工业出版社天猫旗舰店　yjgycbs. tmall. com
(本书如有印装质量问题，本社营销中心负责退换)

前　言

随着我国工业化和城市化的发展和斯德哥尔摩公约履行的推进，全国有机氯农药厂相继关闭，出现了大批污染严重的有机氯农药（organochlorine pesticides，OCPs）污染场地。OCPs因为具有高毒性、环境持久性、生物累积性和“三致”效应而严重危害生态环境和人类健康。我国城市化正迅猛发展，土地利用是城市发展过程中的重要内容。因此，针对我国国情，污染场地的快速修复已迫在眉睫。

在国内外应用较多的有机物污染土壤修复技术中，洗脱技术因其快速、高效、成本低等特点受到广泛关注。虽然已有文献报道土壤洗脱的研究，但关于洗脱液后处理技术的研究较晚。近年来，光催化技术因可高效处理有机污染物同样受到了研究者的广泛关注，该技术具有处理土壤洗脱液中OCPs的潜在可行性，但国内外关于土壤增效洗脱与光催化技术联合修复OCPs污染场地土壤的研究还鲜有报道。本书以江苏某地含氯丹和灭蚁灵的复合污染场地的土壤为研究对象，采用增效洗脱技术和光催化技术联合修复污染土壤。

本书共9章，涵盖了不同洗脱剂对氯丹和灭蚁灵污染场地土壤的增效洗脱效果以及光降解法、UV/针铁矿/H_2O_2和异相光催化技术处理洗脱液中氯丹和灭蚁灵等内容。第1章详细介绍了OCPs污染、增效洗脱技术研究进展和光催化降解技术在去除有机污染中的应用。第2章介绍了不同洗脱剂对氯丹和灭蚁灵污染场地土壤的增效洗脱效果，主要考察洗脱剂浓度、超声时间、液固比和洗脱次数对氯丹和灭蚁灵污染土壤的洗脱效果的影响。第3章详细介绍了光降解法处理洗脱液中氯丹和灭蚁灵的过程，并研究了灭蚁灵光降解的主要机制。第4章介绍了UV/针铁矿/H_2O_2降解模拟洗脱液中氯丹的可行性，并研究了pH值、针铁矿投加量、H_2O_2浓度对该方法降解氯丹的影响。第5章介绍了针铁矿对氯丹的吸附作用和吸附特性。第6章详细介绍了UV/针铁矿/H_2O_2对模拟洗脱液中氯丹的降解机理。第7章介绍了以铁氧化物为催化剂组成的异相光Fenton反应降解模拟洗脱液中灭蚁灵的效果。第8

章介绍了化学合成施氏矿物与化学合成针铁矿对灭蚁灵的吸附特性。第9章介绍了异相光催化反应对灭蚁灵降解的可行性及反应机理。

本书的编写得到了渤海大学和国家自然科学基金（No. 21607012）的资助。同时，本书在编写过程中参考了大量的著作和文献资料，在此，向在相关领域的前沿科研人员致以真诚的谢意！此外，本书的编写还得到了张熙茹、杜义平和刘家彤的帮助，感谢你们对洗脱与光催化联合修复OCPs污染土壤技术的发展做出的贡献。

由于作者知识面、科研水平和掌握的资料有限，书中难免有不当之处，随着洗脱与光催化技术的不断发展及其在环境修复领域的广泛应用，书中的研究方法和研究结论也有待更新和更正，欢迎各位读者批评指正。

徐君君

2024年3月于渤海大学

目　录

1 引　　言

1.1 有机氯农药污染

持久性有机污染物（persistent organic pollutants，POPs）是天然或人工合成的有机污染物质，具有环境持久性、生物累积性、半挥发性和高毒性（李琳琳等，2010）。POPs 能通过各种环境介质（大气、水、生物体等）在全球范围内长距离迁移，并可沿食物链逐级放大，对人类健康和生态环境造成严重威胁，目前它已成为全球环境科学研究的热点（廖洋 等，2013；王淑梅，2014）。

POPs 具有 3 个重要特性：(1) 难降解：POPs 的化学键能很大，对生物降解、化学分解等作用有较强抵抗力，可在环境中残留数年甚至更长；(2) 易于生物富集：POPs 的辛醇-水分配系数大，具有亲油脂性，易于富集到生物体，并通过食物链逐级放大，严重毒害生物体；(3) 能长距离迁移：POPs 具有半挥发性，可以从土壤或水体挥发到空气中，以蒸气形式存在空气中或吸附在颗粒上，随大气环境进行长距离迁移，并最终沉降在地球表面，POPs 经过挥发—沉降的循环方式，已造成全球性污染危害（廖洋 等，2013）。

《关于持久性有机污染物的斯德哥尔摩公约》首批 12 类（种）POPs，其中有 9 种是有机氯农药（organochlorine pesticides，OCPs）。根据分子结构差异，OCPs 主要分为两大类：一类为氯代苯及其衍生物，包括滴滴涕（DDT）、六六六（HCH）、六氯苯（HCB）；另一类为氯代环戊二烯类，包括氯丹（chlordane）、灭蚁灵（mirex）、狄氏剂（dieldrin）、异狄氏剂（endrin）、七氯（heptachlor）、艾氏剂（aldrin）等（祈士华 等，2005）。OCPs 具有化学性质稳定、不易分解、脂溶性强等相似的理化性质（高波，2011），但由于化学结构不同，其对生物体作用的毒性位点及机理不尽相同。

1.1.1 有机氯农药危害

OCPs 曾被广泛应用于农业生产，为农业增产起到了积极作用，但同时也严重影响、破坏了生态环境。作为内分泌的干扰物，OCPs 引起了全世界的关注。早在 20 世纪 60 年代，人们就发现六六六、滴滴涕干扰野生动物的内分泌功能，致使鸟类钙代谢异常、蛋壳变薄，小鸟难以孵化而死亡（Ratcliffe，1967）。通过食物链，OCPs 最终进入人体，聚积在脑部、肝脏、母乳等脂肪丰富的组织，从而影响人体健康（Nowell et al.，1999）。

通过扰乱内分泌系统，OCPs 直接或间接地干扰动物生育繁殖（Colborn et al.，1992）。近年来，人们不断地发现畸形鸟和畸形蛙；在美国和日本分别出现发育不良的鳄鱼和生殖器异常的贝类（常娜，2008）。研究者对水生生物进行检测，发现 OCPs 是强力的酶诱导剂，会影响动物的发育、繁殖（Nowell et al.，1999）。Dong 等（2004）报道在太湖地区的水鸟蛋中发现多种 OCPs，而且其中的 1,1-二氯-2,2-双（4-氯苯基）乙烯（DDE）会降低黑冠夜鹭雏鸟的存活率。

OCPs 对人体的危害主要是“三致”（致癌、致畸、致突变）作用和影响生殖系统。低浓度 OCPs 对人体毒害较低，但会扰乱内分泌或引起其他慢性疾病。高浓度 OCPs 会使人情绪变化、头痛、恶心、呕吐、头晕、抽搐、肌肉震颤、肝损害甚至死亡（Zhu，2006）。如刘国红（2005）发现 OCPs 对胎儿的生长发育有毒性作用，并且不良妊娠（畸形儿、葡萄胎、死胎等）次数随着体内 OCPs 的升高而增加。杨景哲（2013）报道 2,2-双（4-氯苯基)-1,1-二氯乙烯（p,p'-DDE）与乳腺癌的发病率呈正相关，OCPs 的暴露增加了乳腺癌的患病风险。

1.1.2 我国有机氯农药的生产使用及污染现况

OCPs 最初在西欧生产，20 世纪 50～60 年代被广泛应用于谷物、建筑及家畜的病虫防治。我国于 20 世纪 60～80 年代初开始广泛生产和使用 OCPs，除艾氏剂、狄氏剂、异狄氏剂未形成生产规模，灭蚁灵未工业化生产外，曾大量生产、使用过多氯联苯、六氯苯、氯丹、毒杀芬和七氯（黄俊 等，2001）。

我国农药使用量大、用药浓度高，但利用率仅有 10%～20%，未被利用的农药进入了水体、土壤等环境，这种不计后果的状况使得我国农药污染十分严重。据报道，我国单位面积的农药施用量是世界平均用药量的 3 倍（张国顺，2005）。早在 1983 年，我国就开始逐渐禁用 OCPs，但由于其难降解、残存时间长，至今许多地区土壤中仍然残留不同含量的 OCPs。林祖斌等（2013）对福建闽西北地区水稻土中的 OCPs 进行了测定，发现 23.1% 的样点土壤中 OCPs 残留总量高于 50 μg/kg。土壤中的 OCPs 随着雨水冲刷进入水环境，在底泥中残留。如胡佳晨等（2014）调查我国 17 个主要湖泊，结果显示湖泊沉积物中 OCPs 检出率较高，大部分水体沉积物受到不同程度的 OCPs 污染。此外，由于 OCPs 的半挥发性，它从土壤或水体挥发到空气，以蒸汽形式存在于空气中，从而污染大气环境。调查显示，2003 年夏季我国黄海沿岸空气中的 DDT 及其代谢产物、HCH 浓度为 10～100 pg/m^3，氯丹、灭蚁灵浓度分别为 79 pg/m^3 和 36 pg/m^3（Lammel et al.，2007）。

OCPs 的辛醇-水分配系数大，具有亲油脂性，易富集到生物体，可通过食物链逐级放大，严重危害生物体。如 Luo 等（2009）对珠江三角洲电子垃圾回收站附近的鸟类进行检测，发现 5 种鸟类肌肉中含有多种 OCPs。同时，我国天津地区的菠菜及花椰菜中残留的 DDTs 和 γ-HCH 浓度也已超标（Tao et al.，2005）。此外，调查显示我国沿海地区人体脂肪中 DDT 的残留量较高，其中广州、香港和大连地区人体脂肪中的 DDT 残留量分别为 2.13 mg/kg、2.87 mg/kg 和 2.13 mg/kg（Wong et al.，2005）。

1.1.3 氯丹和灭蚁灵概况

氯丹是由 Diels-Alder 反应首先合成，用于防治高粱、玉米、小麦、大豆及林业苗圃等地的害虫，是一种具有触杀、胃毒及熏蒸作用的广谱有机氯杀虫剂，同时因具有杀灭白蚁、火蚁的功效，也被用于建筑基础防腐。氯丹学名 1,2,4,5,6,7,8,8-八氯-2,3,3a,4,7,7a-六氢化-4,7-亚甲茚（$C_{10}H_6Cl_8$），或简称八氯化甲桥茚，相对分子质量为 409.78，为无色或淡黄色液体，水中溶解度为 0.056 mg/L（25 ℃），相对密度为 1.61，熔点为 175 ℃，蒸气压为 0.98×10^{-5} mmHg（1 mmHg = 1.33322×10^2 Pa），辛醇-水分配系数为 6.00；纯品为无色透明黏稠状液体，工业品为杉木气味的琥珀色液体；不溶于水，可溶于乙醚、乙醇、丙酮、苯等有机溶剂。工业氯丹是 100 多种氯化物的混合物，而其中主要成分为顺式氯丹（CC）和反式氯丹（TC）。氯丹在土壤中稳定，其半衰期大约为 4 年，易于被土壤沉积物吸附，在生物体内富集。根据 FAO/WHO 标准，食品中氯丹的最大残留量为 0.002 mg/kg（牛奶）至 0.5 mg/kg（家禽脂肪），水中最大残留量为 0.006 mg/L。氯丹是中等毒性的内分泌干扰物，致癌性实验表明动物为阳性，人为可疑反应；其可经吸入、食入、皮肤吸收影响中枢神经系统、肝、肾、肺和消化道；半数致死量（LD50）为 200 mg/kg（大鼠经口）、145 mg/kg（小鼠经口）。在 1948 ~ 1988 年，全球约生产了 70000 t 工业氯丹，目前约有 15000 t 氯丹残留在环境中。环境中的氯丹主要分布在土壤、大气、海河沉积物上及水生生物体内。我国历史上共有近 20 家氯丹生产企业，其于 1957 年开始研制氯丹，1974 年产量达到 465 t，1975 年逐步停产。1988 年因我国南方地区白蚁危害严重，又相继建立了一些生产装置进行氯丹生产；1999 年，氯丹原油和乳油产量达 834 t，生产能力为每年 1480 t；2004 年生产量为 363 t（郑丽萍，2010）。1997 ~ 2001 年间因白蚁危害程度不同，不同省份使用氯丹数量差异较大，在已开展白蚁防治的 19 个省、自治区、直辖市中，18 个省、自治区、直辖市都曾使用过氯丹，其中浙江省使用最多，其次是江苏省。

灭蚁灵的使用始于 20 世纪 50 年代中期，是由 Hooker 制造，主要用于庄稼地、牧场、森林和建筑物中的白蚁防治，它还可在塑料、橡胶及电子产品中用作火焰延缓剂（Kaiser，1978）。灭蚁灵，化学名称为十二氯五环癸烷（$C_{10}Cl_{12}$），相对分子质量为 545.20，白色无味结晶，水中溶解度为 7×10^{-5} mg/L（25 ℃），沸点为 240 ℃，蒸气压为 3×10^{-7} mmHg（1 mmHg = 1.333224×10^2 Pa），辛醇-

水分配系数为5.28。工业级灭蚁灵制剂含有95.19%的灭蚁灵和2.58%的十氯酮，其余未确定。灭蚁灵被认为是最稳定和持久的杀虫剂之一，在土壤中半衰期长达10年（张文军，2000）；它不溶于水，溶于苯类溶剂，易于生物富集；有致癌、致畸、致突变作用，有较高的遗传毒性；其可吸入、食入、经皮吸收，对胎产仔数、胎儿内环境、肌肉骨骼系统产生影响；LD50为312 mg/kg（大鼠经口）、800 mg/kg（兔经皮）。对灭蚁灵暴露最敏感的种类是甲壳纲动物，在0.001 mg/L的暴露程度下其可产生延迟致死。灭蚁灵很难分解，化学性质稳定，与硫酸、硝酸、盐酸不起作用，光分解作用是其主要的降解途径。灭蚁灵不易燃烧，受高热分解，放出有毒的烟气，其燃烧（分解）产物为一氧化碳、二氧化碳、氯化氢。我国于20世纪60年代末开始生产研制灭蚁灵，1975年逐步停产；由于我国南方地区白蚁危害十分严重，1997年相继建成生产装置并重新投产，2000年灭蚁灵原粉产量达到31 t，2004年产量为15 t（郑丽萍，2010）。

氯丹和灭蚁灵的分子结构如图1-1所示。

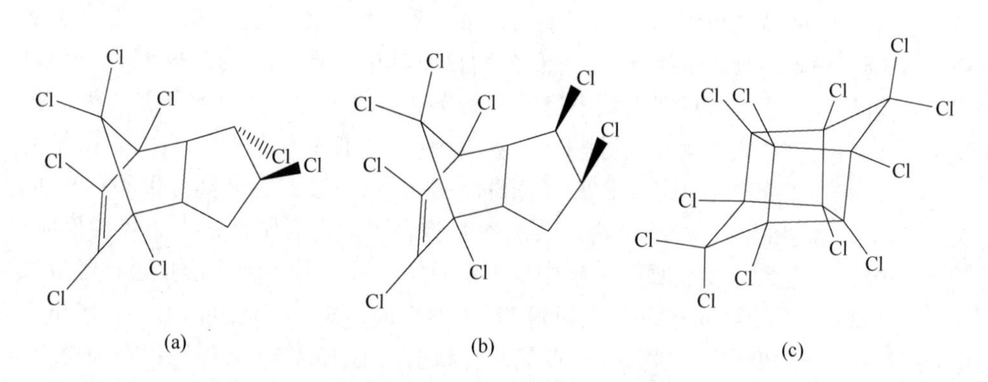

图1-1　氯丹和灭蚁灵的分子结构图
（a）顺式氯丹；（b）反式氯丹；（c）灭蚁灵

1.2　我国有机氯农药污染场地现状

污染场地（contaminated site）是指被危险物质污染，对人体健康及自然环境造成或可能造成负面影响，需要治理或修复的特定空间或区域，包括被污染的空气、物体（例如机械设备、建筑物）、土地（例如土壤、沉积物、植物、地表水和地下水）（李梦瑶，2010）。虽然污染场地污染生态环境、威胁人类健康，但我国城市化进程加快，用地需求加大，因此开发良好地理位置的污染场地蕴含着巨大商机和经济利益（赵沁娜 等，2006）。污染场地用地功能转换的二次开发已经成为城市实施可持续发展战略的必然选择。然而污染场地不加治理或治理不完全就加以开发利用（建造住房、办公楼等），往往会造成严重的社会经济影响，如英国 Loscoe 事件、荷兰 Lekkerker 事件、美国拉夫运河事件等。

据2008年统计数据表明，我国城市中工业企业总数接近40万个，用地面积超过8000 km^2，其中近一半位于市区内（廖晓勇 等，2011）。“十二五”期间，由于落后产能的淘汰与“退二进三”政策的推行，位于城市中心的重污染、能耗大、效益差的工业企业面临搬迁或关闭停产，导致城市涌现大量的污染场地。据初步统计，我国各类工业污染场地数量高达数万，主要分布在江苏、浙江、上海、北京、广东等经济发达的大中城市和东北老工业基地。石油化工、炼焦、化学品制造、金属冶炼、医药和电子加工等企业是典型的重污染工业企业，这些企业的数量占我国工业企业总数的10%以上（骆永明，2011）。

我国曾在南方白蚁灾害严重地区广泛使用氯丹和灭蚁灵，由于市场需求大，很多小型企业自行研制开发生产装置进行生产（王琪 等，2007）。由于氯丹和灭蚁灵的理化特性使其在土壤中长期存留，导致其生产企业的土壤污染严重。目前，我国还未制定氯丹和灭蚁灵在土壤中的残留标准。但前苏联农业土壤 POPs 杀虫剂的卫生标准规定，氯丹最高允许浓度为0.05 mg/kg。

1.3 有机污染场地修复技术

有机污染土壤的修复技术主要包括生物修复技术、物理修复技术和化学修复技术。

1.3.1 生物修复技术

根据修复土壤时所利用的生物种类，生物修复技术可分为微生物修复技术、植物修复技术和微生物-植物修复技术。

微生物修复技术是指在条件优化下，利用土壤中的土著微生物或经过驯化的高效微生物，使污染物加速分解，从而修复污染土壤。潘淑颖等（2013）发现加入细菌 DB02（假单胞杆菌属细菌，*Pseudomonas* sp.）和白腐真菌后，土壤中的 DDT 含量从220.3 mg/kg 下降至36.03 mg/kg，且在降解过程中不需要有机质作为共代谢产物。张强等（2015）采用高效降解菌 SWH-1 和 SWH-2 制备的复合菌剂修复石油污染土壤，添加表面活性剂鼠李糖脂后，石油的降解率提高了8%。微生物修复技术具有修复成本低、不破坏土壤环境、不产生二次污染、操作简单等优点，是治理土壤较为有效的方法之一。

植物修复是近年来生物修复领域的一个研究热点。植物修复是指利用植物转移、吸附、吸收污染物，最终将其矿化成二氧化碳、硝酸盐、氨和氯等无毒或低毒化合物的过程。植物修复有机污染物的机制有3种：（1）植物直接吸收有机污染物；（2）植物释放分泌物和酶去除环境中的有机污染物；（3）植物根际对有机污染物的矿化作用。然而，植物修复效果在很大程度上受污染物的可生物降解性（污染物性质、浓度等）、植物种类或品种及植物生长状况、土壤理化性质的影响（董社琴 等，2004；丛鑫，2009）。如陈建军等（2014）通过盆栽实验比较了7种植物对土壤中阿特拉津的去除效果，结果表明：7种植物对阿特拉津均有一定的吸收、富集与转运的能力，黄竹草对阿特拉津的富集系数、转运系数和去除率最高。

植物-微生物联合修复技术可以将植物修复与微生物修复2种方法的优点相结合（庄绪亮，2007）。一方面植物生长为微生物提供了优越条件，在植物根际环境的各种生态因素促进下，微生物生长代谢形成特别的根际微生物群落；另一方面微生物旺盛地生长，增强了植物对污染物的吸收、降解、矿化作用。姚伦芳等（2014）实验表明，微生物促进了紫花苜蓿的生长，同时紫花苜蓿通过其根际效应显著增强了土壤的微生物活性，进而提高了土壤中多环芳烃（PAHs）的降解率。陆泗进和何立环（2015）采用菌株P6和苜蓿联合修复芘污染土壤，结果表明苜蓿-P6联合体对芘的降解有协同效应，芘的降解率在第20天时达到最大值（43.49%）。植物-微生物联合体系有利于环境中有机物的快速降解和矿化，适合大规模现场修复，是一种很有发展前景的新型原位修复技术。

1.3.2 物理修复技术

物理修复技术主要有换土法（翻土、换土、客土）、土壤蒸气浸提（soil vapour extraction，SVE）、微波热修复和电动力学修复技术。

换土法是指污染土壤被全部或部分取走，加入新鲜未受污染的土壤，用以稀释原污染物浓度，来增加土壤环境容量的方法。此方法见效快，但人工费用较高，且必须治理换出的土壤。据报道，对1 hm^2 面积污染土壤用换土法处理，每1 m深的土体费用高达800万~2400万美元（丛鑫，2009）。

SVE技术是去除土壤中的挥发性有机污染物（volatile organic compounds，VOCs）的一种原位修复技术。原理是利用处于负压状态的处理装置将挥发性有机污染物从土壤中解吸出来，再将解吸气体收集处理。SVE技术具有可操作性强、成本低、不破坏土壤结构和不引起二次污染等优点，但只适用于治理挥发性能较好、污染规模较小的污染场地，且后期效率低。对于半挥发性的OCPs，SVE技术难以取得理想效果。

微波热修复技术是土壤中的污染物在微波热效应作用下，以挥发、热分解等形式从土壤中去除的技术。戴博文等（2014）采用微波催化氧化技术修复有机氯污染场地，结果表明土壤中邻二氯苯、石油烃总量、1,2-二氯乙烷、苯酚的去除率分别可达99.98%、91.29%、98.52%和74.4%。

电动力学修复技术是土壤颗粒表面的负电荷和孔隙水中的带电离子在电场作

用下发生定向迁移，将污染物转移到电极区的一种修复技术。Shapiro 等（1993）利用电动力学修复技术对苯酚和乙酸污染土壤进行修复，结果显示苯酚和乙酸的去除率达到94%。电动力学修复技术对可溶性有机污染物具有较好的修复效果，但对疏水性污染物难以取得理想修复效果。添加表面活性剂可有效强化电动力学对疏水性污染物的去除。李泰平等（2009）对 HCB 污染土壤进行电动力学修复，结果表明：在无表面活性剂加入的对照组中，HCB 没有明显的去除，当加入 100 g/L 的非离子表面活性剂 OP-10 时，HCB 的去除率达到93.5%。

1.3.3 化学修复技术

有机污染土壤的化学修复技术主要有氧化技术、还原技术和增效洗脱技术。

土壤化学氧化技术是指通过向土壤中投加化学氧化剂（O_3、H_2O_2、$KMnO_4$ 等），使其与污染物发生化学氧化反应，降解污染物，从而降低污染土壤的环境风险。O_3 是一种气态氧化剂，易与土壤中污染物接触而发生化学反应，Masten 和 Davies（1997）用 O_3 原位修复 PAHs 污染土壤，结果表明：O_3 流量为250 mg/h，反应2.3 h 后，土壤中菲的去除率超过95%；O_3 流量为600 mg/h，反应4 h 后，土壤中芘的去除率为91%。H_2O_2 是一种绿色环保型氧化剂，与污染物反应后生成 CO_2 和 H_2O，不会引发二次污染。Ahmad 等（2013）采用最高浓度的 H_2O_2 原位修复氯化联苯（PCB）污染的 Fletcher 土壤，PCB 的降解率为94%；但对同是 PCB 污染的 Merrimack 土壤进行修复，污染物的降解率仅有48%。$KMnO_4$ 具有较高的氧化还原电位且不易分解、易于运输储存，可有效降解土壤和地下水中的有机污染物。Liang 等（2014）采用聚己内酯、淀粉和 $KMnO_4$ 制成1.14∶0.96∶2 的组合材料，对三氯乙烯进行降解，结果表明：200 g 的组合材料中，64% 的 $KMnO_4$ 被释放，反应结束后三氯乙烯的去除率达95%。

土壤化学还原技术主要是通过加入还原剂（SO_2、FeO、气态 H_2S 等），产生强还原性物种（·H、Fe^{2+} 等）使有机物脱氯降解。其中，零价铁（zero valent iron，ZVI）具有经济和环境友好的优点，成为当前研究领域的热点。Yang 等（2010）研究表明 ZVI 可有效降解某农药厂退役场地土壤中高浓度的2,2-双（对氯苯基)-1,1,1-三氯乙烷（p,p'-DDT）和1,1-双（4-氯苯基）2,2,2-三氯乙烷（o,p'-DDT）；随着铁含量的增加，脱氯效率增加；ZVI 还可有效降解 β-HCH，但对 α-HCH、γ-HCH 和 δ-HCH 的脱氯效果不明显。此外，其他金属也可还原 OCPs。Gautam 和 Suresh（2006）采用 Mg/Pd 双金属有效地还原了土壤中的 DDT、DDE 和 DDD。虽然还原作用可有效降解有机污染物，但大多数污染物的还原脱氯产物仍具有很强的毒性，环境风险较高，如 DDT 的脱氯产物 DDE 和双（6-羟基-2-萘）二硫（DDD）的毒性高于母体（Megharaj et al.，1999）。因此，还原技术需要与其他技术相结合，对污染物进一步处理，进而达到修复目标。

生物修复技术选择性较高，但修复不够彻底，处理周期长，且修复效果受污染物性质、土壤性质、土壤微生物生态结构等多种因素影响。因此，生物修复技术难以满足场地开发的时效性，不适用于高浓度 OCPs 污染场地的修复，但可作为辅助或后续处理手段（万金忠，2011）。换土法修复成本高，只适用于面积小、污染严重的土壤。氧化/还原法应用于土壤中，会受到不同程度的限制，如土壤中的高有机质含量会过量消耗氧化剂，使处理成本急剧增加；金属被土壤吸附产生聚合失效，致使 ZVI 的处理效果受到明显抑制（万金忠，2011）。

1.4　有机污染场地土壤增效洗脱技术研究进展

污染土壤增效洗脱技术指采用特定洗脱剂对污染土壤进行洗涤，通过固液分离，去除土壤中的污染物，并最终安全化处置污染物的过程（Sun et al.，2012）。近年来，增效洗脱修复技术具有就地处理、设备灵活、投资相对较少、修复快速、修复效率高和广泛适用性等优点，可以满足工业污染场地的实际修复工程需求，因而受到广泛关注。增效洗脱技术的典型修复工艺流程如图 1-2 所示（万金忠，2011）。

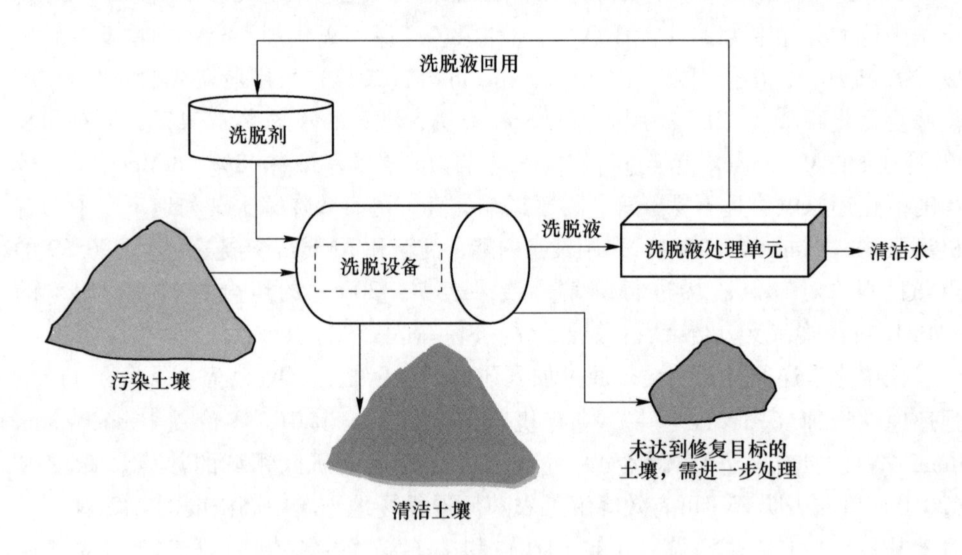

图 1-2　土壤增效洗脱修复工艺流程图

1.4.1　有机污染土壤的增效洗脱修复现状

选择适合的洗脱剂，提高污染物的解吸效率，是增效洗脱技术的关键。针对有机污染土壤，常用的洗脱剂主要包括有机溶剂、环糊精和表面活性剂三类。

有机溶剂作为洗脱剂去除土壤中的有机污染物，往往是低分子量的短链醇类、酮类、饱和或不饱和脂肪酸等。有机溶剂可以显著降低土壤/水的界面张力、降低污染物同土壤/沉积物的黏滞性，促进有机污染物向液相中溶解（Nkedi-kizza et al.，1985；Bouchard，1998）。另外，有机溶剂对 OCPs 有极强的溶解和包裹能力，便于回收利用，修复成本相对较低。熊雪丽等（2012）采用有机溶剂对 DDT 和 HCH 复合污染土壤进行洗脱，发现乙酸乙酯和丙酮对 DDT 的洗脱率分别为86.9%和78.4%，对 HCH 的洗脱率分别为87.6%和87%，多种有机溶剂对氯丹、灭蚁灵复合污染土壤洗脱效果很好，均可达到70%以上。Ye 等（2013）采用乙醇、1-丙醇和3种石油醚的不同组分对我国吴江地区 DDT 污染土壤进行洗脱，洗脱率随有机溶剂浓度的增大而增加，当1-丙醇浓度为500 mg/L 时，对 DDTs 的去除率可达90%以上。

环糊精（cyclodextrins，CDs）是由芽孢杆菌产生的环糊精葡萄糖基转移酶作用于直链淀粉所产生的环状低聚糖，它由6个或更多的吡喃葡萄糖分子构成（叶茂 等，2013）。环糊精类化合物分子略呈锥形的圆环，其内侧处于 C—H 键的屏蔽之下，含有两圈氢原子（H-3 和 H-5）及一圈糖苷键的氧原子，形成疏水空腔；而外侧由于羟基的聚集呈亲水性。疏水空腔使环糊精可与多种难溶于水的 OCPs 形成主客体包合物，对其起到显著增溶的作用。环糊精具有无毒、在土壤上无滞留、不会引起二次污染等优点，近年来，被广泛应用于 OCPs 污染土壤修复（叶茂 等，2013；Mao et al.，2013；Ye et al.，2014）。目前最常见的环糊精有 α-环糊精、β-环糊精和 γ-环糊精，其中又以 β-环糊精产量最高，应用最为广泛。羟丙基-β-环糊精（hydroxypropyl-β-cyclodextrin，HP-β-CD）是 β-环糊精的烷基化衍生物，具有较大的水溶性，用途也更为广泛。Ye 等（2014）采用25 g/L 的 HP-β-CD 复合100 mL/L 葵花籽油异位洗脱 OCPs 污染场地土壤，洗脱温度为50 ℃，超声30 min，洗脱4次，总 OCPs、DDTs、HCH、硫丹、七氯和氯丹的去除率均在99%左右。

表面活性剂是指具有亲水亲油特性和特殊吸附性质，可显著降低溶剂（一般为水）表面张力和液-液界面张力的物质（赵国玺，1991）。表面活性剂的结构由两部分组成：极性的亲水基和非极性的亲油基。亲水基可与水分子作用，亲油基可与非极性或弱极性溶剂分子作用，将表面活性剂分别引入水相、油相（溶剂）（陈宝梁，2004）。表面活性剂亲水基团在水中能电离，形成带电荷的离子，称为离子型表面活性剂。根据电荷离子不同，表面活性剂分为阳离子表面活性剂、阴离子表面活性剂和两性表面活性剂。在水中不电离、亲水基团呈电中性的表面活性剂，称为非离子型表面活性剂（赵国玺，1991）。根据极性相似相吸，相异相斥原理，亲水基溶于水，亲油基离开水，表面活性剂吸附在两相界面，从而降低界面张力。表面活性剂在界面的吸附量随溶液浓度的增高而增加，当溶液浓度达到或超过一定值后，吸附量不再增加。过多的表面活性剂在亲油基的作用下，形成有机假相内部结构的缔结体，称为胶束。表面活性剂在溶液中形成胶束的起始浓度称为临界胶束浓度（critical micelle concentration，CMC）。表面活性剂浓度低于CMC，其以单分子形态溶于溶液中；浓度高于CMC，表面活性剂以单体和胶束的形式同时存在于溶液中。表面活性剂的作用原理如图1-3所示（Mulligan et al.，2001）。根据“相似相容”原理，表面活性单体的亲油基和胶束内部的疏水性基团作用于有机物，大大提高了疏水性有机物（hydrophobic organic chemicals，HOCs）的溶解度。此外，表面活性剂可以降低土壤和有机物之间的界面张力，从而减弱了有机物在土壤上的吸附，促进其分散到溶液中。田齐东等（2012）研究了Tween 80、Triton X-100和SDS 3种表面活性剂对OCPs工业污染场地土壤的增效洗脱效果，结果表明：10 g/L的Tween 80或Triton X-100和8.5 g/L的SDS对土壤中的氯丹、硫丹、灭蚁灵和七氯的总去除率最高，分别为32.8%、59.7%和60.1%。肖鹏飞等（2014）选用非离子表面活性剂和阴离子表面活性剂对人工污染的黑土进行洗脱，结果表明：阴离子表面活性剂对土壤中DDTs的洗脱效果低于非离子表面活性剂，Tween 60和Tween 80对DDTs的最高去除率达33.2%~37.2%。近年来，生物表面活性剂（biosurfactants，BS）因具有环境友好的特点，受到广泛关注。生物表面活性剂是特定条件下，细菌、真菌或酵母菌在生长过程中分泌出的具有表面活性的代谢产物（Cooper，1986），通常比合成表面活性剂的分子结构更为复杂，CMC较低且易于降解，在污染土壤修复中有良好的应用前景（Kommalapati et al.，1997；洪俊 等，2014）。孟蝶等（2014）采用鼠李糖脂对林丹、Pb、Cd复合污染土壤进行洗脱，结果表明：鼠李糖脂浓度为40 g/L时，其对林丹、Pb及Cd的去除率分别达到76.9%、18%和100%。Roy等（1997）采用0.5%和1.0%的生物表面活性剂淋洗土壤中的HCB，HCB的去除率分别是清水的20倍和100倍。

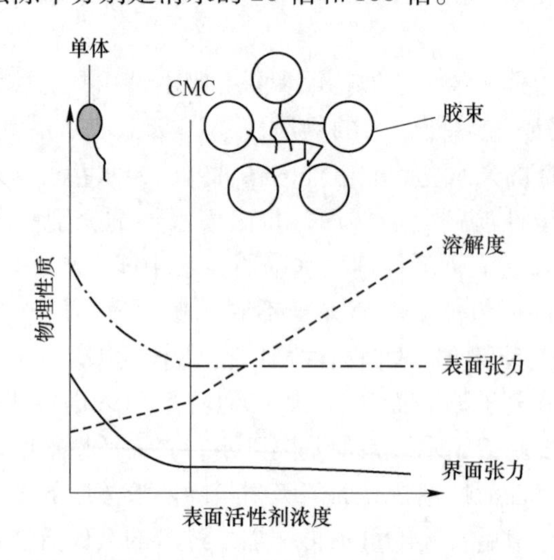

图1-3 表面张力、界面张力和污染物溶解度随表面活性剂浓度变化示意图

1.4.2 有机污染土壤洗脱液后处理技术研究现状

洗脱液的后处理是土壤增效洗脱修复技术的重要环节，其过程是采用分离或降解技术去除洗脱液中的污染物，最终实现修复目标。土壤增效洗脱过程只是实现污染物从土壤到洗脱液的转移，洗脱液中污染物并没有被消除，给生态环境健康带来潜在的危害，因此洗脱液中污染物的最终去除成为洗脱液后处理的重点。但目前，关于 OCPs 污染土壤，增效洗脱修复技术的极大部分研究都集中在洗脱剂的筛选、条件优化及洗脱效果评价方面，对洗脱液后处理技术研究较少。

目前针对疏水性有机物的土壤增效洗脱液，后处理技术主要包括物化分离和生物/化学降解技术两类。物化分离技术主要有溶剂萃取、活性炭吸附、空气吹脱、膜分离等（Wan et al.，2011；Zhao et al.，2014）。溶剂萃取是利用有机溶剂如正己烷、二氯甲烷、辛烷等将洗脱液中的污染物萃取出来，从而实现洗脱剂的再生。Zhao 等（2014）用正己烷、正癸烷和正十六烷萃取 SDBS/Tween 80 中的苯和硝基苯，结果显示：提取时间、溶剂/水的体积比、表面活性剂的类型、浓度和污染物类型等都显著影响有机试剂的萃取效率。Lee 等（2002）用反向流动的有机溶剂正己烷/二氯甲烷萃取阴离子表面活性剂中的苯/三氯苯，有机溶剂流速为 30 mL/min，萃取 5 h，污染物去除率高达 98%。活性炭吸附是利用活性炭选择性地去除洗脱液中的 HOCs，实现污染物的去除和洗脱剂的再生。Ahn 等（2007）向含有 5 mg/L 菲的 Triton X-100 的溶液中投加 1 g/L D20 活性炭，结果显示：菲的去除率为 86.5%，Triton X-100 的吸附损失率为 6.4%。空气吹脱是利用空气曝气处理含有挥发性污染物的洗脱液，使污染物从水相分离并收集处理。膜分离/浓缩是利用微滤、超滤、反渗透等手段使洗脱液浓缩，并进一步对其处理处置的过程。膜分离可减少最终需要处理的洗脱液体积，对低浓度洗脱液及污染物淋洗液的处理效果好。Ang 和 Abdul（1994）采用超滤膜 XM50 处理土壤淋洗液，PCBs 和油类污染物的去除率分别为 94%、89%，同时回收了 46% 的表面活性剂。

生物/化学降解技术处理洗脱液的方法，主要包括微生物降解、化学还原、高级氧化等。生物降解技术是利用微生物对洗脱液中的污染物进行处理。Berselli 等（2004）采用不同的洗脱剂淋洗土壤，并对洗脱液中的污染物进行微生物处理，结果表明：相比非离子表面活性剂，生物表面活性剂作为淋洗剂时，微生物对污染物的脱氯作用和生物降解更持续。化学还原技术主要是利用还原剂产生强还原性物种（·H、Fe^{2+} 等）使有机物脱氯降解。万金忠等（2014）采用微米 Cu/Fe 双金属降解 OCPs，结果表明：非离子表面活性剂 Triton X-100 可强化微米 Cu/Fe 体系，实现水和泥浆中 OCPs 的快速高效降解。电化学降解技术是利用电流在电极表面发生氧化还原反应，破坏有机化合物。如王营茹等（2010）采用电化学还原法降解 HCB，结果显示：在 Triton X-100 作增溶剂，HCB 初始浓度为0.3 mg/L、初始 pH =3、电解质浓度为1%，外加电压为6 V，反应3 h 时，HCB 的去除率为60.3%，但 HCB 的还原脱氯不彻底，最终产物为1,2,4,5-四氯苯和1,2,3,4-四氯苯。

综上所述，目前针对 HOCs 洗脱液的后处理技术特别是污染物的安全降解技术十分有限。物化分离技术只能实现污染物的去除，并不能使污染物降解，化学还原技术只能使污染物脱氯，污染物的降解并不彻底，污染物仍然存在并可能危害生态环境。

1.5　光催化降解技术在去除有机污染中的应用

1.5.1　光解技术

光化学反应不可逆地改变了有机污染物的反应分子，强烈地影响了水环境中的某些污染物，是有机污染物的真正分解过程（戴树桂，1997）。农药的光化学降解始于20世纪60年代初，农药的光解过程几小时或几分钟即可实现，远远快于生物降解的几天甚至几周的周期（郑永权 等，1998）。因此，随着农药环境化学的深入研究，农药的光化学降解已经成为研究领域的热点，是农药环境安全评价的重要内容之一（徐虎 等，2003）。光解的实质是污染物分子接受光辐射能量，光能转移到污染物分子上，使其变成激发态的分子，导致污染物分子键断裂而产生的反应过程（方晓航，2002）。农药光解分为直接光解和间接光解。直接光解的农药分子可以直接吸收光能，变成激发态分子，与周围介质直接发生反应，有机磷类农药中对硫磷、甲基对硫磷、甲氧氯、马拉硫磷及 N-硝基阿拉特津均能发生直接光解（邓南圣 等，2003）。然而，一些农药不能直接吸收光，但当环境中的某些物质吸收光，呈激发态后诱发其反应的过程称为间接光解（欧晓明，2004）。这一过程使原来不能发生光解的农药发生化学变化。已知的光敏剂有丙酮、色氨酸、鱼藤酮、叶绿素和腐殖质等。由于 OCPs 不吸收光以及 OCPs 的疏水性，其在环境中直接光解作用可忽略不计，主要发生间接光解。已有研究证实 OCPs 对光敏剂水溶性有机质（dissolved organic matter，DOM）作用的间接光解特别敏感，添加 DOM 可以加速 DDT、艾氏剂、甲氧氯和灭蚁灵的光降解（Zepp et al.，1976；Ross et al.，1985；Mudambi et al.，1988；Kulovaara et al.，1995；Lambrych et al.，2006）。直接光解和间接光解的表达式如下：

直接光解表达式：　$A + h\nu \longrightarrow A^* \longrightarrow$ 产物

间接光解表达式：

$$D + h\nu \longrightarrow D^*、D^* + A \longrightarrow A^* + D、A^* \longrightarrow \text{产物}$$

但自然环境中太阳发射光谱较宽，大部分紫外光被大气中的臭氧层吸收，到达地面的很少。同时，光化学反应与催化剂的结合可以大大提高光降解的效率。因此近20余年，紫外光辅助的高级氧化技术（advanced oxidation process，AOPs）受到了广泛关注（Oturan et al.，2014；Vallejo et al.，2015）。

1.5.2　光催化氧化技术

AOPs能够快速、高效地处理高浓度污染土壤/水体中的有机物，因而成为化学修复技术的研究热点。AOPs主要是基于化学反应中生成强氧化性的活性物种(如·OH等)降解有机污染物的技术。针对OCPs，AOPs技术有广阔的应用前景。近十年来，国外许多学者已将AOPs应用到受OCPs污染的土壤/水体治理中。Shah等（2013）研究发现UV光强度为480 mJ/cm^{2}时，UV/$S_2O_8^{2-}$、UV/HSO_5^-、UV/H_2O_2可有效降解初始浓度为2.45 μmol/L的有机氯杀虫剂硫丹，硫丹在各体系中的去除率分别为91%、86%和64%。

光催化氧化技术因具有处理效率高、成本相对较低、容易工业化等优点，逐渐成为高级氧化技术的主要方法之一。光催化氧化是指在光和光催化剂同时存在的条件下发生的光化学反应，该过程将光能转化为化学能。根据光催化剂形态的不同，光催化反应可分为均相光催化和异相光催化，均相光催化剂主要有Fenton、H_2O_2、O_3、$K_2S_2O_8$等，异相光催化剂主要有TiO_2、铁基材料、ZnO等。AOPs作用机理基本上是不同途径产生·OH的过程(钟理 等，2002)，·OH形成后会诱发一系列自由基链反应,攻击污染物，直至使其降解为CO_2和H_2O。常见的氧化剂的电极电位见表1-1（Fox et al.，1993）。除F_2外，·OH比其他常见氧化剂具有更高的氧化电极电位,氧化能力更强。

表1-1　氧化剂电极电位

中文名	英文名	分子式	EOP/eV
氟	Fluorine	F_2	3.06
羟基自由基	Hydroxyl radical	·OH	2.80
原子氧	Oxygen	O	2.42
臭氧	Ozone	O_3	2.08
过硫酸盐	Persulfate	$S_2O_8^{2-}$	2.01
过氧化氢	Hydrogen peroxide	H_2O_2	1.78
高锰酸盐	Permanganate	MnO^{4-}	1.67
次氯酸盐	Hypochlorite	ClO^-	1.49
氯气	Chlorine	Cl_2	1.36
二氧化氯	Chlorine dioxide	ClO_2	1.27
氧气	Oxygen	O_2	1.23

1.5.2.1 均相光 Fenton 氧化

基于 Fe^{2+}/H_2O_2 的 Fenton 反应由于操作简单、反应迅速和环境友好等优点成为实际应用最广泛的 AOPs 技术，在酸性条件下，其化学反应方程式如式（1-1）~式（1-7）所示（Chen et al.，1997；Laat et al.，1999；Kang et al.，2002；Liou et al.，2004）：

$$Fe^{2+} + H_2O_2 \longrightarrow Fe^{3+} + OH^- + \cdot OH \quad k_1 = 76\ L/(mol \cdot s) \tag{1-1}$$

$$Fe^{2+} + H_2O_2 \longrightarrow Fe^{3+} + \cdot OOH + H^+ \quad k_2 = 0.01 \sim 0.02\ L/(mol \cdot s) \tag{1-2}$$

$$Fe^{3+} + \cdot OOH \longrightarrow Fe^{2+} + H^+ + O_2 \quad k_3 = 3.1 \times 10^5\ L/(mol \cdot s) \tag{1-3}$$

$$H_2O_2 + \cdot OH \longrightarrow \cdot OOH + H_2O \quad k_4 = (1.2 \sim 4.5) \times 10^7\ L/(mol \cdot s) \tag{1-4}$$

$$Fe^{2+} + \cdot OH \longrightarrow Fe^{3+} + OH^- \quad k_5 = 4.3 \times 10^8\ L/(mol \cdot s) \tag{1-5}$$

$$\cdot OH + \cdot OH \longrightarrow H_2O_2 \quad k_6 = 5.3 \times 10^9\ L/(mol \cdot s) \tag{1-6}$$

$$\cdot OH + \cdot OOH \longrightarrow O_2 + H_2O \quad k_7 = 1 \times 10^{10}\ L/(mol \cdot s) \tag{1-7}$$

由以上的反应式可以看出：在整个均相 Fenton 体系中，Fe^{3+} 还原为 Fe^{2+} 的反应速率常数较低，因此铁离子的循环受阻，体系中铁离子将以 Fe^{3+} 的形式积累，限制整个反应的进行，最终导致有机污染物降解不完全。

研究发现，将光照引入 Fenton 体系中，构成光 Fenton 体系，会大大提高反应速率。这是因为在光照条件下，通过光化学还原 Fenton 体系中的 Fe^{3+}，会加快 Fe 的循环利用，从而大幅度提高 Fenton 反应的速率（Wu et al.，2000）。

在光 Fenton 反应过程中除了发生式（1-1）~式（1-7）的反应外，还发生如下的反应（Wu et al.，2000）：

$$Fe(OH)^{2+} + h\nu \longrightarrow Fe^{2+} + \cdot OH \tag{1-8}$$

$$Fe(H_2O)_6^{3+} + h\nu \longrightarrow Fe^{2+} + \cdot OH + H^+ \tag{1-9}$$

$$H_2O_2 + h\nu \longrightarrow \cdot OH \tag{1-10}$$

由以上可知，在紫外光照射下，体系中的 Fe^{3+} 可还原成 Fe^{2+}，实现 Fe 的循环利用，保证了 Fenton 反应的持续进行，加快了有机物的降解。并且，H_2O_2 在紫外光照射下，分解产生·OH，提高了其利用率。此外，Xu 等（2004）研究了在 Fenton、UV/H_2O_2、UV/Fenton 3 种体系中降解染料还原蓝，发现其在 UV/Fenton 体系中的降解/矿化程度高于前两者体系中降解/矿化程度之和，说明光 Fenton 体系中 Fe、H_2O_2 和 UV 之间存在着协同效应。

然而在均相光 Fenton 体系中，只有当 pH 值在 2.5 ~ 3 时，效果才最佳，对反应要求的 pH 值范围非常狭窄。同时，反应过程中产生含铁泥浆，增加了处理处置困难（Gumy et al.，2005；Huang et al.，2008）。这些缺点限制了该技术的应用。为了解决这些缺点，一种改良的异相光 Fenton 反应引起了科学家的兴趣。

1.5.2.2 异相光 Fenton 氧化

异相光 Fenton 反应过程中，Fe^{3+}存在于固相催化剂中，因此不会引起铁的氢氧化物沉淀，同时催化反应在比较宽的 pH 值范围内保持较高的效率。很多含铁矿物都参与异相光 Fenton 反应（Kong et al.，1998；Park et al.，2008；Tong et al.，2011；Xu et al.，2013；Guo et al.，2014；Sable et al.，2015）。已有文献报道的研究结果表明，在较宽的 pH 值范围内，由光照/H_2O_2/铁系催化剂构成的异相光 Fenton 体系对苯酚、苯甲酸及染料废水均能达到较好的处理效果，具有广阔的应用前景（Lv et al.，2005；Chen et al.，2007；Lam et al.，2007；Pariente et al.，2008；Iurascua et al.，2009）。异相光 Fenton 反应机理，主要包括以下几个方面。

（1）铁离子催化剂机理。Mazellier 和 Sulzberger（2001）研究了光照条件下针铁矿-草酸体系对敌草隆的降解，提出铁离子的溶解对反应至关重要，·OH 来自溶液中的均相 Fenton 反应。该机理与传统均相 Fenton 反应机理无本质差异，铁氧化物只是作为铁离子溶解的来源和沉淀的形式，保证了体系中的铁循环，维持了催化反应。

（2）高价铁氧化机理。He 等（2005）对 UV/H_2O_2/针铁矿异相光 Fenton 体系降解间羟基苯甲酸进行研究，在 pH＝9、针铁矿投加量为 0.5 g/L 时，异相光 Fenton 反应速率比均相光 Fenton 反应高 2 个数量级。而且，低活性 β-FeOOH 和 α-Fe_2O_3 铁离子溶出量同针铁矿铁离子的溶出量相同，所以均相 Fenton 反应在反应过程中对 MY10 降解的贡献较小。由此作者提出高价铁氧化机理，如式（1-11）~式（1-14）所示：

$$\equiv Fe(III)OH + H_2O_2 \longrightarrow \equiv Fe(III)OOH + H_2O \tag{1-11}$$

$$\equiv Fe(III)OOH + h\nu \longrightarrow \equiv Fe(IV){=}O + \cdot OH \tag{1-12}$$

$$\equiv Fe(IV){=}O + H_2O \longrightarrow \equiv Fe(III)OH + \cdot OH \tag{1-13}$$

$$\text{有机物} + \cdot OH \longrightarrow \text{降解/矿化产物} \tag{1-14}$$

（3）表面催化机理。有研究者发现 Fe 的溶出难以维持有机物的降解矿化过程，提出了表面催化机理，并且得到绝大多数学者的支持（Catrinescu et al.，2003；Hsueh et al.，2006）。该机理认为光照下，催化剂表面的 Fe(Ⅲ)被还原为 Fe(Ⅱ)，Fe(Ⅱ)与 H_2O_2 反应产生·OH 降解有机物。

（4）半导体光催化机理。铁基材料被光照后，所受能量大于或等于禁带宽度，价带上的电子被光子激发，发生跃迁到达导带，同时价带上产生空穴，铁基材料内部产生空穴-电子对（h^+-e^-）。h^+ 具有氧化性，不仅可氧化 H_2O 和 OH^- 产生·OH，而且可直接氧化有机物，e^- 具有还原性，可诱发还原反应。Zhao 等（2004）采用 α-Fe_2O_3 对土壤中的 HCH 进行降解，在 UV 光照射下，光能超过

α-Fe_2O_3 禁带能量2.3 eV后，α-Fe_2O_3 产生空穴和电子，空穴具有氧化性，氧化有机污染物。

1.5.3 AOPs在OCPs降解中的应用

因能快速高效地处理高浓度、难降解的有机污染物，近年来，AOPs受到了研究者的广泛关注（Wang et al.，2015；Wang et al.，2015）。

Villa等（2006）应用了Fenton技术，对长期受DDT和DDE污染的土壤进行处理，发现体系中加入铁矿石时，DDT和DDE的降解较差；而当加入3 mmol/L溶解态铁，经过6 h，DDT和DDE的降解率分别高达53%和46%，且降解率随H_2O_2 的浓度增大而提高（Villa et al.，2008）。Wei等（2014）采用磁铁矿、赤铁矿激活过硫酸钠降解有机氯农药污染土壤中的DDTs，结果显示：过硫酸盐/Fe浓度比例为20∶1，pH=3.2时，24 h内DDTs的降解率超过90%。Zhao等（2004）利用α-Fe_2O_3 和TiO_2 光催化降解土壤中的γ-HCH，土壤上负载0～10%的α-Fe_2O_3 和0～2%的TiO_2 均能促进γ-HCH降解。同时，蒙脱石和TiO_2 混合制备成的催化剂对γ-HCH的降解有很好的催化效应，并检测到多种降解中间产物（Zhao et al.，2007）。用光Fenton技术处理土壤洗脱液，光照6 h，DDT、DDE、柴油的去除率分别为99%、95%、100%（Villa et al.，2010）。曹梦华等（2012）采用Fenton氧化法对OCPs污染场地土壤进行修复，结果显示：Fe^{2+} 与H_2O_2 的摩尔浓度比为1∶5，水土比为10∶1，反应6 h时，土壤中总DDT和六氯的去除率分别为78.2%和96.7%。Cao等（2013）采用铁、EDTA和空气组成的一种新颖的类Fenton体系降解DDT、DDE，结果显示：在室温、pH中性条件下，DDT和DDE被有效地去除，并产生少量的中间产物4,4′-DDE和4,4′-DDMU。Kusvuran和Erbatur（2004）采用UV/Fenton、UV/H_2O_2 和UV/Fe^{2+} 降解吸附在蒙脱石和活性炭上的艾氏剂，其中UV/Fenton处理效果最好，艾氏剂在蒙脱石和活性炭上的去除率分别为95%和50%。

参 考 文 献

曹梦华，王琳玲，陈静，等，2012. 有机氯农药污染土壤的Fenton氧化修复研究 [J]. 环境工程，30(5)：127-148.

常娜，袁聚祥，2008. 有机氯农药对人体健康的危害及其研究进展 [J]. 华北煤炭医学院学报，10(2)：174-176.

陈宝梁，2004. 表面活性剂在土壤有机污染修复中的作用及机理 [D]. 杭州：浙江大学.

陈建军，李明锐，张坤，等，2014. 几种植物对土壤中阿特拉津的吸收富集特性及去除效率研究 [J]. 农业环境科学学报，33(12)：2368-2373.

丛鑫，2009. 农药污染场地中有机氯化合物的分布及其修复研究 [D]. 北京：中国矿业大学.

戴博文，郭蒙蒙，赵贤广，等，2014. 微波催化氧化修复技术处理有机氯污染土壤 [J]. 环境污染与防治, 36(9): 13-17.
戴树桂, 1997. 环境化学 [M]. 北京: 高等教育出版社.
邓南圣, 吴峰, 2003. 环境光化学 [M]. 北京: 化学工业出版社.
董社琴, 李冰雯, 周健, 2004. 植物修复有机污染土壤机理的分析 [J]. 科技情报开发与经济, 14(3): 189-190.
方晓航, 仇荣亮, 2002. 农药在土壤环境中的行为研究 [J]. 土壤与环境, 11(1): 94-97.
高波, 2011. 有机氯农药生物降解及污染底泥修复技术研究 [D]. 大连: 大连理工大学.
洪俊, 徐君君, 李锦, 等, 2014. 鼠李糖脂洗脱氯丹和灭蚁灵污染场地土壤的工艺参数 [J]. 环境工程学报, 8(6): 2592-2596.
胡佳晨, 李永峰, 张博, 等, 2014. 中国湖泊沉积物中有机氯农药污染评价研究 [J]. 黑龙江水利科技, 42(2): 23-24.
黄俊, 余刚, 钱易, 2001. 我国的持久性有机污染物问题与研究对策 [J]. 环境保护, 42(11): 3-6.
李琳琳, 单学敏, 高丽, 2010. 持久性有机污染物的研究进展 [J]. 科技信息, 31(8): 753-754.
李梦瑶, 2010. 中国污染场地环境管理存在的问题及对策 [J]. 中国农学通报, 26(24): 338-342.
李泰平, 袁松虎, 林莉, 等, 2009. 六氯苯和重金属复合污染沉积物的电动力学修复研究 [J]. 环境工程, 27(2): 105-109.
廖晓勇, 崇忠义, 阎秀兰, 等, 2011. 城市工业污染场地:中国环境修复领域的新课题 [J]. 环境科学, 32(3): 784-794.
廖洋, 梁海鹏, 黄春萍, 等, 2013. 土壤持久性有机污染物控制与修复研究进展 [J]. 四川师范大学学报(自然科学版), 36(5): 777-786.
林祖斌, 唐莉娜, 陈建斌, 等, 2013. 闽西北水稻土有机氯农药残留特征 [J]. 中国农学通报, 29(23): 158-160.
刘国红, 杨克敌, 刘西平, 等, 2005. 人体内有机氯农药残留对生殖内分泌的影响研究 [J]. 卫生研究, 34(5): 524-528.
陆泗进, 何立环, 2015. 植物-菌株联合去除土壤中的芘 [J]. 华中农业大学学报, 34(1): 66-71.
骆永明, 2011. 中国污染场地修复的研究进展、问题与展望 [J]. 环境监测管理与技术, 23(3): 1-6.
孟蝶, 万金忠, 张胜田, 等, 2014. 鼠李糖脂对林丹-重金属复合污染土壤的同步淋洗效果研究 [J]. 环境科学学报, 33(1): 229-237.
欧晓明, 2004. 新农药硫肟醚的环境化学行为研究 [D]. 杭州: 浙江大学.
潘淑颖, 马光辉, 常勇, 等, 2013. 土壤中 DDT 的微生物修复研究 [J]. 安徽农业科学, 41(3): 1058-1060.
祈士华, 游远航, 苏秋克, 等, 2005. 生态地球化学调查中的有机氯农药研究 [J]. 地质通报, 24(8): 704-709.
田齐东, 王国庆, 赵欣, 等, 2012. 3 种表面活性剂对有机氯农药污染场地土壤的增效洗脱修复效应 [J]. 生态与农村环境学报, 28(2): 196-202.

万金忠，马俞萍，张胜田，等，2014. 阴/非离子表面活性剂强化微米 Cu/Fe 对水及土壤泥浆中有机氯农药的降解［J］. 生态与农村环境学报，30(6)：754-760.

万金忠，2011. 有机氯杀虫剂污染土壤的化学淋洗修复研究［D］. 武汉：华中科技大学.

王琪，赵娜娜，黄启飞，等，2007. 氯丹和灭蚁灵在污染场地中的空间分布研究［J］. 农业环境科学学报，26(5)：1630-1634.

王淑梅，2014. 持久性有机污染物环境问题进展研究［J］. 科技论文与案例交流，20(10)：131.

王营茹，陆晓华，林莉，等，2010. 污染土壤淋洗液中六氯苯的电化学法处理研究［J］. 环境科学与技术，33(5)：21-24.

肖鹏飞，应杉，李玉文，2014. 阴-非离子表面活性剂对黑土中 DDTs 的洗脱研究［J］. 水土保持学报，28(6)：283-288.

熊雪丽，占新华，周立祥，2012. 不同洗脱剂对有机氯农药污染场地土壤修复效果比较［J］. 环境工程学报，6(1)：347-352.

徐虎，徐凤波，2003. 甲胺基阿维菌素苯甲酸盐的光解研究与进展［J］. 农药，42(10)：5-8.

杨景哲，胡大为，王芳，2013. 有机氯农药暴露与女性乳腺癌患病风险研究［J］. 现代预防医学，40(9)：1625-1628.

姚伦芳，滕应，刘方，等，2014. 多环芳烃污染土壤的微生物-紫花苜蓿联合修复效应［J］. 生态环境学报，23(5)：890-896.

叶茂，孙明明，王利，等，2013. 花生油与羟丙基 β 环糊精对有机氯农药污染场地土壤异位增效淋洗修复研究［J］. 土壤，45(5)：918-927.

张国顺，2005. 六六六降解富集液的获得、降解相关基因的克隆及脱氯酶基因的表达［D］. 南京：南京农业大学.

张强，郑立稳，孔学，等，2015. 助剂对石油污染土壤生物修复的强化作用［J］. 山东科学，28(1)：78-81.

张文军，2000. POPs 公约简介［J］. 农药，39(10)：43-46.

赵国玺，1991. 表面活性剂物理化学［M］. 北京：北京大学出版社.

赵沁娜，杨凯，2006. 发达国家污染场地置换开发管理实践及其对我国的启示［J］. 环境污染与防治，28(7)：540-544.

郑丽萍，2010. 氯丹和灭蚁灵污染场地土壤生物毒性诊断方法研究［D］. 南京：南京农业大学.

郑永权，姚建仁，1998. 21 世纪农药展望［J］. 植物保护，24(4)：39-40.

钟理，陈建军，2002. 高级氧化处理有机污水技术进展［J］. 工业水处理，22(1)：1-5.

庄绪亮，2007. 土壤复合污染的联合修复技术研究进展［J］. 生态学报，27(11)：4871-4876.

AHMAD M, SIMON M A, SHERRIN A, et al., 2013. Treatment of polychlorinated biphenyls in two surface soils using catalyzed H_2O_2 propagations [J]. Chemosphere, 84(7): 855-862.

AHN C K, KIM Y M, WOO S H, et al., 2007. Selective adsorption of phenanthrene dissolved in surfactant solution using activated carbon [J]. Chemosphere, 69(11): 1681-1688.

ANG C C, ABDUL A S, 1994. Evaluation of an ultrafiltration method for surfactant recovery and reuse during in situ washing of contaminated sites: Laboratory and field studies [J]. Ground Water Monitoring and Remediation, 14(3): 160-171.

BERSELLI S, MILONE G, CANEPA P, et al., 2004. Effects of cyclodextrins, humic substances, and rhamnolipids on the washing of a historically contaminated soil and on the aerobic bioremediation of the resulting effluents [J]. Biotechnology and Bioegineering, 88(1): 111-120.

BOUCHARD D C, 1998. Organic cosolvent effects on the sorption and transport of neutral organic chemicals [J]. Chemosphere, 36(8): 1883-1892.

CAO M H, WANG L L, WANG L, et al., 2013. Remediation of DDTs contaminated soil in a novel Fenton-like system with zero-valent iron [J]. Chemosphere, 90(8): 2303-2308.

CATRINESCU C, TEODOSIU C, MACOVEANU M, et al., 2003. Catalytic wet peroxide oxidation of phenol over Fe-exchanged pillared beidellite [J]. Water Research, 37(5): 1154-1160.

CHEN J, ZHU L, 2007. Heterogeneous UV-Fenton catalytic degradation of dyestuff in water with hydroxyl-Fe pillared bentonite [J]. Catalysis Today, 126(3/4): 463-470.

CHEN R, PIGNATELLO J J, 1997. Role of quinone intermediates as electron shuttles in Fenton and photoassisted Fenton oxidations of aromatic compounds [J]. Environmental Science and Technology, 31(8): 2399-2406.

COLBORN T, CLEMENT C R, 1992. Chemically induced alterations in sexualand functional development: The wildlife/human connection [M]. Princeton: Princeton Scientific Publishing.

COOPER D G, 1986. Biosurfactants [J]. Microbiol Science, 3(5): 145-149.

DONG Y H, WANG H, AN Q, et al., 2004. Residues of organochlorinated pesticides in eggs of water birds from Tai Lake in China [J]. Environmental Geochemistry and Health, 26(2): 259-268.

FOX M A, DULAY M T, 1993. Heterogeneous photocatalysis [J]. Chemical Reviews, 93(1): 341-357.

GAUTAM S K, SURESH S, 2006. Dechlorination of DDT, DDD and DDE in soil (slurry) phase using magnesium/palladium system [J]. Journal of Coloid and Interface Science, 304(1): 144-151.

GUMY D, FERNÁNDEZ-IBÁNEZ P, MALATO S, et al., 2005. Supported Fe/C and Fe/Nafion/C catalysts for the photo-Fenton degradation of orange Ⅱ under solar irradiation [J]. Catalysis Today, 101(3/4): 375-382.

GUO S, ZHANG G K, WANG J Q, 2014. Photo-Fenton degradation of rhodamine B using Fe_2O_3-Kaolin as heterogeneous catalyst: Characterization, process optimization and mechanism [J]. Journal of Colloid and Interface Science, 433(1): 1-8.

HE J, MA W H, SONG W J, et al., 2005. Photoreaction of aromatic compounds at α-FeOOH/H_2O interface in the presence of H_2O_2: Evidence for organic-goethite surface complex formation [J]. Water Research, 39(1): 119-128.

HSUEH C L, HUANG Y, WANG C, 2006. Photoassisted Fenton degradation of nonbiodegradable azo-dye (Reactive Black 5) over a novel supported iron oxide catalyst at neutral pH [J]. Journal of Molecular Catalysis A: Chemical, 245(1/2): 78-86.

HUANG C P, HUANG Y H, 2008. Comparison of catalytic decomposition of hydrogen peroxide and catalytic degradatio of phenol by immobilized iron oxides [J]. Applied Catalysis A: General, 346(1/2): 140-148.

IURASCUA B, SIMINICEANUA I, VIONEB D, et al., 2009. Phenol degradation in water through a heterogeneous photo-Fenton process catalyzed by Fe-treated laponite [J]. Water Research, 43(5): 1313-1322.

KAISER K L E, 1978. Pesticide Report: The rise and fall of mirex [J]. Environmental Science Technology, 12(5): 520-528.

KANG N, LEE D S, YOON J, 2002. Kinetic modeling of Fenton oxidation of phenol and monochlorophenols [J]. Chemosphere, 47(9): 915-924.

KOMMALAPATI R R, VALSARAJ K T, CONSTANT W D, et al., 1997. Aqueous solubility enhancement and desorption of hexanechlorobenzene from soil using plant-based surfactant [J]. Water Research, 31(9): 2161-2170.

KONG S H, WATTS R J, CHOI J H, 1998. Treatment of petroleum-contaminated soils using iron mineral catalyzed dydrogen peroxide [J]. Chemosphere, 37(8): 1473-1482.

KULOVAARA M, BACKLUND P, CORIN N, 1995. Light-induced degradation of DDT in humic water [J]. Science of the Total Environment, 170(3): 185-191.

KUSVURAN E, ERBATUR O, 2004. Degradation of aldrin in adsobed system using advanced oxidation processes: Comparison of treatment methods [J]. Journal of Hazardous Materials, 106(2/3): 115-125.

LAAT J D, GALLARD H, 1999. Catalytic decomposition of hydrogen peroxide by Fe (Ⅲ) in homogeneous aqueous solution: mechanism and kinetic modeling [J]. Environmental Science and Technology, 33(16): 2726-2732.

LAM F L Y, HU X, 2007. A high performance bimetallic catalyst for photo-Fenton oxidation of orange Ⅱ over a wide pH range [J]. Catalysis Communications, 8(12): 2125-2129.

LAMBRYCH K L, HASSETT J P, 2006. Wavelength-dependent photoreactivity of mirex in Lake Ontario [J]. Environmental Science and Technology, 40(3): 858-863.

LAMMEL G, GHIM Y S, GRADOS A, et al., 2007. Levels of persistent organic pollutants in air in China and over the Yellow Sea [J]. Atmospheric Environment, 41(3): 452-464.

LEE D H, CODY R D, KIM D J, 2002. Surfactant recycling by solvent extraction in surfactant-aided remediation [J]. Separation and Purification Technology, 27(1): 77-82.

LIANG S H, CHEN K F, WU C S, et al., 2014. Development of $KMnO_4$-releasing composites for in situ chemical oxidation of TCE-contaminated groundwater [J]. Water Research, 54(1): 149-158.

LIOU M J, LU M C, CHEN J N, 2004. Oxidation of TNT by photo-Fenton process [J]. Chemosphere, 57(9): 1107-1114.

LUO X, ZANG X, LIU J, et al., 2009. Persistent halogenated compounds in waterbirds from an e-waste recycling region in South China [J]. Environmental Science and Technology, 43(2): 306-311.

LV X, XU Y, LV K, et al., 2005. Photo-assisted degradation of anionic and cationic dyes over iron (Ⅲ)-loaded resin in the presence of hydrogen peroxide [J]. Journal of Photochemistry and Photobiology A: Chemistry, 173(2): 121-127.

MAO Y, SUN M M, YANG X H, et al., 2013. Remediation of organochlorine pesticides (OCPs) contaminated soil by successive hydroxypropyl-β-cyclodextrin and peanut oil enhanced soil washingnutrient addition: a laboratory evaluation [J]. Journal of Soils and Sediments, 13(2): 403-412.

MASTEN S J, DAVIES S H R, 1997. Efficacy of in-situ ozonation for the remediation of PAH contaminated soils [J]. Journal of Contaminant Hydrology, 28(4): 327-335.

MAZELLIER P, SULZBERGER B, 2001. Diuron degradation in irradiated heterogeneous iron/oxalate systems: The rate-determining step [J]. Environmental Science and Technology, 35 (16): 3314-3320.

MEGHARAJ M, BOUL H L, THIELE J H, 1999. Effects of DDT and its metabolites on soil algae and enzymatic activity [J]. Biology and Fertility of Soils, 27(2): 130-134.

MUDAMBI A R, HASSETT J P, 1988. Photochemical activity of mirex associated with dissolved organic matter [J]. Chemosphere, 17(6): 1133-1146.

MULLIGAN C N, YONG R N, GIBBS B F, 2001. Surfactant-enhanced remediation of contaminated soil: A review [J]. Engineering Geology, 60(1/2/3/4): 371-380.

NKEDI-KIZZA P, RAO P S C, HORNSBY A G, 1985. Influence of organic cosolvents on sorption of hydrophobic organic chemicals by soils [J]. Environmental Science and Technology, 19 (10): 975-979.

NOWELL L H, CAPEL P D, DILEANIS P D, 1999. Pesticides in stream sediment and aquatic biota: Distribution, trends, and governing factors [M]. Boca Raton: Lewis Publishers.

OTURAN M A, AARON J J, 2014. Advanced oxidation processes in water/wastewater treatment: Principles and applications. a review [J]. Critical Reviews in Environmental Science and Technology, 44(23): 2577-2641.

PARIENTE M I, MARTINEZ F, MELERO J A, et al., 2008. Heterogeneous photo-Fenton oxidation of benzoic acid in water: Effect of operating conditions, reaction by-products and coupling with biological treatment [J]. Applied Catalysis B: Environmental, 85(1/2): 24-32.

PARK H, LEE Y C, CHOI B G, et al., 2008. Energy transfer in ionic-liquid-functionalized inorganic nanorods for highly efficient photocatalytic applications [J]. Applied Catalysis B: Environmental, 78(3/4): 250-258.

RATCLIFFE D A, 1967. Decrease in eggshell weight in certain birds of prey [J]. Nature, 215: 208-210.

ROSS R D, CROSBY D G, 1985. Photooxidant activity in natural waters [J]. Environment Toxicology and Chemistry, 4(6): 773-778.

ROY D, KOMMALAPATI R R, MANDAVA S S, et al., 1997. Soil washing potential of a natural surfactant [J]. Environment Science and Technology, 31(3): 670-675.

SABLE S S, GHUTE P P, ÁLVAREZ P, et al., 2015. FeOOH and derived phases: Efficient heterogeneous catalysts for clofibric acid degradation by advanced oxidation processes (AOPs) [J]. Separation and Purfication Technology, 127(30): 53-60.

SHAH N S, HE X X, KHAN H M, et al., 2013. Efficient removal of endosulfan from aqueous solution by UV-C/peroxides: A comparative study [J]. Journal of Hazardous Materials, 263(2): 584-592.

SHAPIRO A P, PROBSTEIN R F, 1993. Removal of contaminants from saturated clay by electroosmosis [J]. Environmental Science and Technology, 27(2): 283-291.

SUN M M, LUO Y M, TENG Y, et al., 2012. Methyl-β-cyclodextrin enhanced biodegradation of polycyclic aromatic hydrocarbons and associated microbial activity in contaminated soil [J]. Journal of Environment Science, 24(5): 926-933.

TAO S, XU F L, WANG X J, et al., 2005. Organochlorine pesticides in agricultural soil and vegetables from Tianjin, China [J]. Environmental Science and Technology, 39(8): 2494-2499.

TONG G X, GUAN J G, ZHANG Q J, 2011. Goethite hierarchical nanostructures: Glucose-assisted synthesis, chemical conversion into hematite with excellent photocatalytic properties [J]. Materials Chemistry and Physics, 127(1/2): 371-378.

VALLEJO M, FRESNEDO SAN ROMÁN M, ORTIZ I, et al., 2015. Overview of the PCDD/Fs degradation potential and formation risk in the application of advanced oxidation processes (AOPs) to wastewater treatment [J]. Chemosphere, 118: 44-56.

VILLA R D, NOGUEIRA R F P, 2006. Oxidation of p,p'-DDT and p,p'-DDE in highly and long-term contaminated soil using Fenton reaction in a slurry system [J]. Science of the Total Environment, 371(3): 11-18.

VILLA R D, TROVÓ A G, NOGUEIRA R F P, 2008. Environmental implications of soil remediation using the Fenton process [J]. Chemosphere, 71(1): 43-50.

VILLA R D, TROVÓ A G, NOGUEIRA R F P, 2010. Soil remediation using a coupled process: Soil washing with surfactant followed by photo-Fenton oxidation [J]. Journal of Hazardous Materials, 174 (1/2/3): 770-775.

WAN J Z, CHAI L N, LU X H, et al., 2011. Remediation of hexachlorobenzene contaminated soils by rhamnolipid enhanced soil washing coupled with activated carbon selective adsorption [J]. Journal of Hazardous Materials, 189(1/2): 458-464.

WANG C K, SHIH Y H, 2015. Degradation and detoxification of diazinon by sono-Fenton and sono-Fenton-like processes [J]. Separation and Purification Technology, 140(22): 6-12.

WANG L, CAO M H, AI Z H, et al., 2015. Design of a highly efficient and wide pH electro-Fenton oxidation system with molecular oxygen activated by ferrous-tetrapolyphosphate complex [J]. Environmental Science and Technology, 49(5): 3032-3039.

WEI H J, YANG X L, YE M, et al., 2014. Application of activated persulfate oxidation method in degradating DDT in field contaminated soil [J]. Soils, 46(3): 504-511.

WONG M H, LEUNG A O W, CHAN J K Y, et al., 2005. A review on the usage of POP pesticides in China, with emphasis on DDT loadings in human milk [J]. Chemosphere, 60(6): 740-752.

WU F, DENG N S, 2000. Photochemistry of hydrolytic iron (Ⅲ) species and photoinduced degradation of organic compounds: A minireview [J]. Chemosphere, 41(8): 1137-1147.

XU X R, LI H B, WANG W H, et al., 2004. Degradation of dyes in aqueous solutions by the Fenton process [J]. Chemosphere, 57(7): 595-600.

XU Z H, LIANG J R, ZHOU L X, 2013. Photo-Fenton-like degradation of azo dye methyl orange using synthetic ammonium and hydronium jarosite [J]. Journal of Alloys and Compounds, 546(5): 112-118.

YANG S C, LEI M, CHEN T B, et al., 2010. Application of zerovalent iron (Fe^0) to enhance degradation of HCHs and DDX in soil from a former organochlorine pesticides manufacturing plant [J]. Chemosphere, 79(7): 727-732.

YE M, SUN M M, HU F, et al., 2014. Remediation of organochlorine pesticides (OCPs) contaminated site by successive methyl-β-cyclodextrin (MCD) and sunflower oil enhanced soil washing-Portulaca oleracea L. cultivation [J]. Chemosphere, 105: 119-125.

YE M, YANG X L, SUN M M, et al., 2013. Use of organic solvents to extract organochlorine pesticides (OCPs) from aged contaminated soils [J]. Pedosphere, 23(1): 10-19.

ZEPP R G, WOLFE N L, GORDON J A, et al., 1976. Light-induced transformations of methoxychlor in aquatic systems [J]. Journal of Agricultural and Food Chemistry, 24(4): 727-733.

ZHAO X, QUAN X, CHEN S, et al., 2007. Photocatalytic remediation of γ-hexachlorocyclohexane contaminated soils using TiO_2 and montmorilonite composite photocatalyst [J]. Journal of Environmental Sciences, 19(3): 358-361.

ZHAO X, QUAN X, ZHAO Y Z, et al., 2004. Photocatalytic remediation of γ-HCH contaminated soils induced by α-Fe_2O_3 and TiO_2 [J]. Journal of Environmental Sciences, 16(6): 938-941.

ZHAO Y S, LI L L, SU Y, et al., 2014. Laboratory evaluation of the use of solvent extraction for separatio of hydrophobic organic contaminatns from surfactant solutions during surfactant-enhanced aquifer remediation [J]. Separation and Purfication Technology, 127(30): 53-60.

ZHU X M, 2006. Variation in concentrations of organochlorine pesticides in crop rhizosphere soils [D]. Hong Kong: The Chinese University of Hong Kong.

2 适用于氯丹、灭蚁灵污染场地土壤的洗脱剂筛选及参数优化

OCPs因具有高毒性、环境持久性、生物累积性和“三致”效应，而严重威胁生态环境和人类健康。氯丹和灭蚁灵曾作为典型的OCPs，在全球范围内广泛用于庄稼地、牧场、森林和建筑物中的白蚁防治。由于我国南方白蚁灾害严重，对白蚁防治特效药市场需求大，因此出现很多自行研制开发氯丹和灭蚁灵的生产装置并对其进行生产的小型企业（王琪 等，2007）。

在履行《斯德哥尔摩公约》进程中，全国农药厂相继搬迁、关闭，出现大量氯丹和灭蚁灵污染的场地，这些场地若不加治理，或治理不完全就加以开发利用，会极大危害人体健康。因此，快速修复这些污染场地土壤已迫在眉睫。

目前，国内外已研发了一系列有机污染土壤的修复技术（Ahmad et al.，2013；姚伦芳 等，2014）。增效洗脱技术具有快速、高效等优点，尤其适用于修复期限短、高浓度的污染场地。近年来，已有有机溶剂、阴离子表面活性剂、非离子表面活性剂、生物表面活性剂和环糊精等洗脱剂对OCPs污染土壤进行洗脱，并取得较好的洗脱效果（熊雪丽 等，2012；Ye et al.，2013；孟蝶 等，2014；肖鹏飞 等，2014）。

尽管关于OCPs污染场地增效洗脱的研究已有大量报道，但大多数研究均以DDTs污染土壤为研究目标，而对氯丹和灭蚁灵复合污染土壤的研究较少。在以往的土壤增效洗脱研究中，不同种类洗脱剂的洗脱浓度不同，从而无法统一比较不同种类洗脱剂的洗脱效果。因此，本章广泛选取了土壤增效洗脱过程中常用的各种类洗脱剂，在同一浓度（10 mmol/L）时，比较其对污染土壤中氯丹和灭蚁灵的洗脱效果；通过洗脱剂浓度、洗脱时间、液固比、洗脱次数参数优化洗脱效果，旨在为氯丹和灭蚁灵复合污染场地土壤的洗脱修复工程提供技术支持。

2.1 适用于筛选氯丹、灭蚁灵污染场地土壤洗脱剂的实验材料与方法

2.1.1 筛选氯丹、灭蚁灵污染场地土壤洗脱剂的实验材料

2.1.1.1 供试土壤

污染土壤采自江苏溧阳某有机氯农药生产厂搬迁后的场地。清除上部0.2 m覆

土，采取0.2～0.4 m段土样，将土壤中的植物根茎、树叶残骸等去除，进行避光自然风干，混匀研磨过0.833 mm筛，密封备用。土壤的基本理化性质见表2-1。土壤中的污染物质主要为氯丹和灭蚁灵，其浓度分别为19.48 mg/kg和1.71 mg/kg。

表2-1 供试土样的基本理化性质

pH值	有机质含量 /($g \cdot kg^{-1}$)	CEC /($cmol^{+} \cdot kg^{-1}$)	黏粒的质量分数/%	粉粒的质量分数/%	砂粒的质量分数/%
7.16	17.57	24.27	7	59	34

2.1.1.2 仪器与试剂

仪器：Agilent 7890型气相色谱仪（配ECD检测器，安捷伦科技有限公司）、KQ-2508型超声波清洗器（昆山市超声仪器有限公司）、RE52CS-2旋转蒸发仪（上海亚荣生化仪器厂）、LP502A型电子天平（常熟市百灵天平仪器有限公司）、GL-20G-Ⅱ型上海安亭飞鸽牌离心机（上海安亭科学仪器厂）、pHS-3C数字型精密酸度计（上海仪电科学仪器股份有限公司）、马弗炉、硅胶柱和通风橱等。

氯丹和灭蚁灵标样购自国家标准物质研究中心。

正己烷、二氯甲烷、乙酸乙酯、丙酮、甲醇、乙醇、正丙醇、异丙醇、戊醇和无水硫酸钠（400 ℃烘4 h，冷却后储于密闭容器中备用）均为分析纯；0.22 μm尼龙滤膜。

表面活性剂：十二烷基硫酸钠（SDS）、十二烷基苯磺酸钠（SDBS）、辛烷基聚氧乙烯醚（Triton X-100）和聚氧乙烯（20）失水山梨醇单油酸酯（Tween 80），均为化学纯。鼠李糖脂（PS2）由大庆沃太斯化工有限公司提供，其鼠李糖含量为40.8%。表面活性剂基本性质见表2-2。

表2-2 表面活性剂的基本性质

名称	化学名称	分子质量 /($g \cdot mol^{-1}$)	CMC /($mmol \cdot L^{-1}$) (25 ℃)	类型
SDS	十二烷基硫酸钠	288	7.29	阴离子表面活性剂
SDBS	十二烷基苯磺酸钠	348	1.5	阴离子表面活性剂
PS2	鼠李糖脂	504	0.47	生物表面活性剂
Tween 80	聚氧乙烯(20)失水山梨醇单油酸酯	1309	0.012	非离子表面活性剂
Triton X-100	辛烷基聚氧乙烯醚	625	0.23	非离子表面活性剂

HPCD（>99%），化学式为$C_{54}H_{102}O_{39}$，相对分子质量为1375，白色粉末，购于西安德立生物化工有限公司。

2.1.2 氯丹和灭蚁灵污染土壤洗脱剂筛选实验

称取 2 g 供试土壤于 35 mL 玻璃离心管（长 100 mm，内径 22 mm，盖帽顶部为聚四氟乙烯密封垫）中，分别加入 20 mL 浓度为 10 mmol/L 的正己烷、二氯甲烷、乙酸乙酯、丙酮、甲醇、乙醇、正丙醇、异丙醇、戊醇、SDS、SDBS、Triton X-100、Tween 80、PS2、HPCD、SDS/Triton X-100 混合溶液（物质的量比为 3∶7）等洗脱剂。拧紧瓶盖，用铝箔纸包裹离心瓶（防止氯丹和灭蚁灵光解），涡旋 30 s，超声 45 min，控制温度为 25 ℃，将样品于 3000 r/min 下离心 15 min，上清液用 0.45 μm 滤膜抽滤。取 2 mL 液体用正己烷液液萃取 3 次，合并有机相，用无水硫酸钠脱水，旋转蒸发，用正己烷定容，过 0.22 μm 尼龙滤膜，测定其中氯丹和灭蚁灵含量。对照实验条件相同，将洗脱剂溶液用去离子水代替。每个处理重复 3 次。

2.1.3 洗脱参数优化实验

2.1.3.1 洗脱剂溶液洗脱浓度实验

称取 2 g 污染土壤于玻璃离心管中，分别加入 20 mL Triton X-100、Tween 80 和 HPCD 溶液（其浓度梯度设为 1 mmol/L、2 mmol/L、5 mmol/L、10 mmol/L、20 mmol/L）。拧紧瓶盖，涡旋 30 s，超声 45 min，控制温度为 25 ℃。每个处理重复 3 次。其他实验过程与 2.1.2 节相同。

2.1.3.2 洗脱剂溶液洗脱时间实验

称取 2 g 污染土壤于玻璃离心管中，分别加入 20 mL Triton X-100、Tween 80 和 HPCD 溶液（浓度为 10 mmol/L），超声时间分别设为 20 min、30 min、60 min、90 min 和 120 min。每个处理重复 3 次。其余同 2.1.3.1 节。

2.1.3.3 洗脱剂溶液洗脱液固比实验

Triton X-100、Tween 80 和 HPCD 溶液浓度均为 10 mmol/L，超声时间为 60 min，液固比分别设为 4∶1、6∶1、10∶1、15∶1 和 20∶1。每个处理重复 3 次。其他实验过程与 2.1.3.1 节相同。

2.1.3.4 洗脱剂溶液洗脱次数实验

实验方法与 2.1.3.1 节相同，对污染土壤分别进行 1 次、2 次和 3 次洗脱。每个处理重复 3 次。

2.1.4 测定方法

采用 Agilent 7890 GC-ECD 测定氯丹和灭蚁灵。色谱柱：HP-5（30.0 m ×

0.32 mm×0.25 μm，安捷伦科技有限公司）。进样量为1.0 μL（不分流进样），载气流速为1.0 mL/min（99.999%高纯氮，恒流模式），进样口温度为250 ℃，使用ECD检测器；采用升温程序：初始温度为80 ℃，以40 ℃/min升至220 ℃，以2 ℃/min升至240 ℃，再以20 ℃/min升至270 ℃后，保持10 min。

2.1.5　数据统计方法及制图

所有数据均采用Excel软件进行统计，采用3次重复的平均值±标准偏差来表示。采用SPSS 20.0软件对实验结果进行单因素方差分析和新复极差测验。采用Origin软件绘图。

2.2　洗脱剂对氯丹和灭蚁灵污染土壤的洗脱效果及参数优化

2.2.1　洗脱剂对氯丹和灭蚁灵污染土壤的洗脱效果

土壤增效洗脱过程中，洗脱剂的选择是影响洗脱效果的关键因素之一。由于阳离子表面活性剂有增溶效果差、生物毒性强，且易吸附在土壤颗粒表面增强有机污染物的吸附等缺点（陈宝梁，2004），因此，本书中选用了有机试剂、阴离子表面活性剂、非离子表面活性剂和环境友好洗脱剂HPCD进行土壤洗脱实验。实验表明：10 mmol/L的表面活性剂洗脱氯丹、灭蚁灵复合污染土壤的效果好于其他浓度（熊雪丽，2011）。在均为10 mmol/L的浓度下，各种洗脱剂对氯丹和灭蚁灵复合污染土壤的洗脱效果如图2-1所示。

由图可知，非离子表面活性剂和HPCD对氯丹的洗脱效果最好，其次是SDS/Triton X-100混合表面活性剂和阴离子表面活性剂，最后是有机试剂。

非离子表面活性剂Triton X-100和Tween 80对氯丹的洗脱量分别为6.00 mg/kg和7.42 mg/kg，其洗脱率分别为30.78%和38.09%，是对照实验（2.31%）的13.32倍和16.49倍。HPCD对氯丹的洗脱效果仅次于Tween 80，其洗脱量和洗脱率分别为7.33 mg/kg和37.62%，比对照处理的洗脱量和洗脱率高出6.88 mg/kg和35.31%。生物表面活性剂PS2对氯丹的洗脱率为11.49%。阴离子表面活性剂SDBS和SDS对氯丹的洗脱效果较差。总体而言，表面活性剂对氯丹洗脱效果依次为：Tween 80 > Triton X-100 > PS2 > SDS > SDBS。该结果与熊雪丽等（2012）采用相同摩尔浓度的非离子表面活性剂对污染场地中HCH和DDT的洗脱效果优于阴离子表面活性剂的研究结果相类似。非离子表面活性剂中聚氧乙烯链的极性与低分子醇类相当，因此疏水性有机物不仅可以分配在胶束核中，也能够分散在胶束表面（Urum et al.，2003）。离子型表面活性剂的疏水性胶束内部对OCPs起到增溶作用，但表面强极性基团不能与疏水性有机物结合，且对其向内部胶束扩

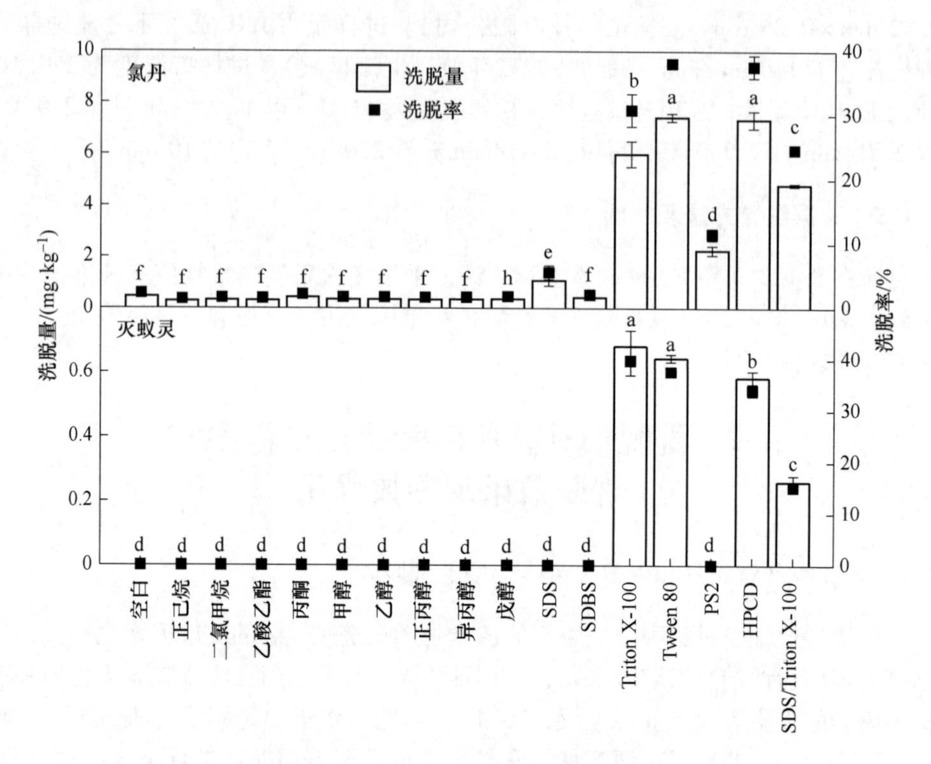

图 2-1 不同洗脱剂对土样中氯丹和灭蚁灵的洗脱量和洗脱率

散起到排斥作用（Rasiah et al.，1993）。

非离子表面活性剂与其他类型表面活性剂有较好的相溶性，可混合复配使用（蒋兵，2007）。以往研究表明，混合表面活性剂对有机物具有协同增溶作用（闫瑞 等，2015）。与单一表面活性剂相比，阴离子-非离子复合表面活性剂可以降低吸附和沉淀作用，增加有机物的溶解。另外，混合表面活性剂的 CMC 比单一表面活性剂低（Xu et al.，2006）。但本实验结果显示，SDS/Triton X-100 的混合表面活性剂对氯丹的洗脱效果虽优于单一阴离子表面活性剂体系，但不如单一非离子表面活性剂体系。这与马婵媛等（2008）采用表面活性剂洗脱土壤中的 PAHs，效果依次为 Tween 80 > Tween 80/SDS > SDS 的研究结果一致。这主要是由于实际土壤中存在多种无机电解质，阴离子表面活性剂可能与 Mg^{2+}、Ca^{2+} 等形成沉淀，破坏了阴离子表面活性剂的洗脱效果（Wang et al.，2009）。

有机试剂溶液对氯丹的洗脱率略低于对照实验，但差异不显著（$p > 0.05$）。HPCD 体系对氯丹、灭蚁灵均有较好的洗脱效果，可能是因为 OCPs 从土壤中解吸，进入 HPCD 空腔，在疏水作用力、氢键、偶极作用、范德华力等作用下达到稳定，另外经羟基化改良的环糊精在水中的溶解度大大增加（Fava et al.，2002）。

对于灭蚁灵的解吸而言，仅有 Triton X-100、Tween 80、SDS/Triton X-100 和 HPCD 对其有明显作用，解吸能力从大到小依次为 Triton X-100 ≈ Tween 80 > HPCD > SDS/Triton X-100。单独的阴离子表面活性剂体系和有机试剂溶液中未检测到灭蚁灵。由于灭蚁灵的辛醇-水分配系数明显低于氯丹，导致其在洗脱剂溶液中的洗脱量显著低于氯丹。

总之，Triton X-100、Tween 80 和 HPCD 对土样中的氯丹和灭蚁灵有较好的洗脱效果。

2.2.2 Triton X-100、Tween 80 和 HPCD 洗脱污染土壤中氯丹和灭蚁灵的参数优化

通过 2.2.1 节的研究，共筛选出洗脱效果较好的 Triton X-100、Tween 80 和 HPCD 3 种洗脱剂，用于后续工艺参数优化的研究。

2.2.2.1 不同浓度洗脱剂对污染土壤中氯丹和灭蚁灵的洗脱效果

在土壤增效洗脱实践中，洗脱剂的浓度是一个十分重要的因素，尤其在表面活性剂应用的修复实践上，当表面活性剂浓度达不到 CMC 时，其对污染物的增溶作用十分有限（Zheng et al.，2002）；当表面活性剂浓度大于 CMC 时，有机物在土壤中分配系数减小、在水中溶解度增大，促进其解吸（Edwards et al.，1994）。因此，想取得显著的洗脱效果，表面活性剂浓度大于 CMC 是非常必要的。Triton X-100、Tween 80 的 CMC 分别为 0.23 mmol/L、0.012 mmol/L，小于本实验中各表面活性剂浓度范围。

Triton X-100、Tween 80 和 HPCD 的浓度对氯丹和灭蚁灵污染土壤洗脱效果的影响如图 2-2 所示。

总体而言，氯丹和灭蚁灵的洗脱率均随着洗脱剂浓度的增加而增大。在 0~2 mmol/L 浓度范围内，除 HPCD 对氯丹有少量增溶外，其他洗脱剂对氯丹和灭蚁灵均没有明显增溶效果。这一方面可能是由于洗脱剂与土壤中其他有机物作用，减少了氯丹和灭蚁灵与洗脱剂的接触，另外一方面可能是由于洗脱剂在土壤上的吸附，使得其在洗脱液中浓度降低，影响洗脱效果（陆凡 等，2015）。洗脱剂在 2~10 mmol/L 浓度范围内，氯丹和灭蚁灵的洗脱率迅速增加；超过 10 mmol/L 后，随着洗脱剂浓度的增加，洗脱率增加逐渐变得缓慢。20 mmol/L 的 Triton X-100 对灭蚁灵的洗脱率低于 10 mmol/L 处理时的洗脱率，但差异不显著（$p > 0.05$）。虽然 3 种洗脱剂浓度在 20 mmol/L 时对氯丹和灭蚁灵几乎都有最好的洗脱效果，但会导致成本增加。一般情况下，污染物的去除率随洗脱剂浓度的增大而增加，并在达到某一浓度后，去除效果趋于稳定（Urum et al.，2005；马晓红 等，2014）。综上所述，在修复氯丹和灭蚁灵污染场地土壤

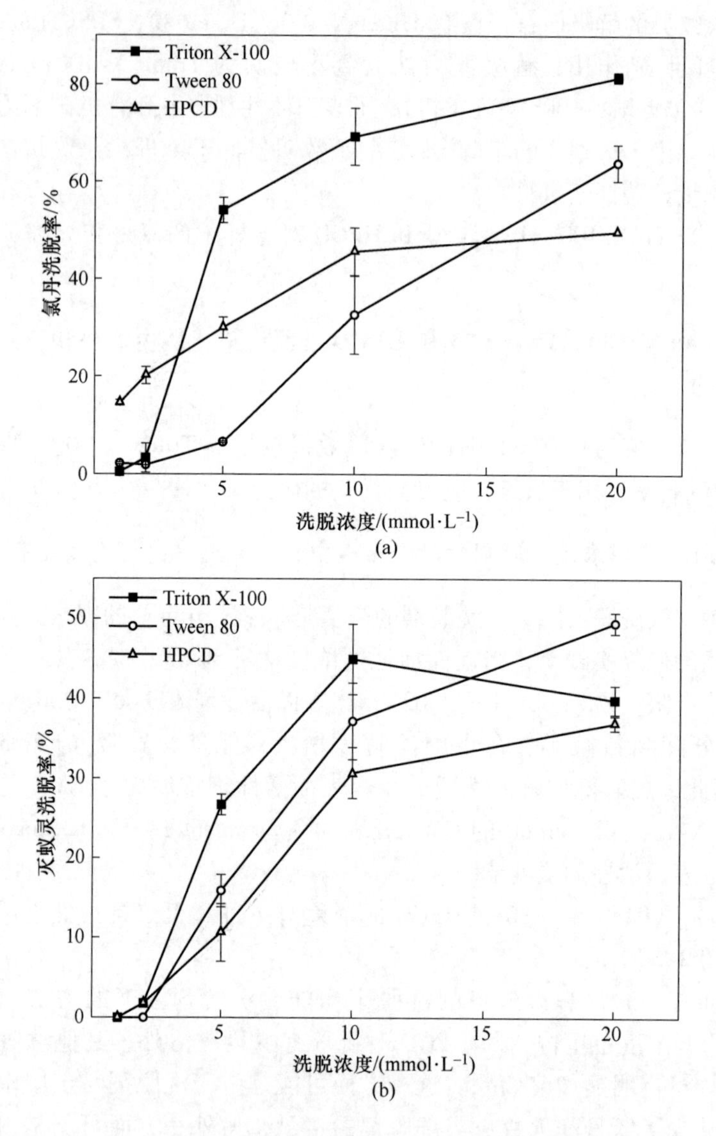

图 2-2　洗脱剂浓度对污染土壤中氯丹和灭蚁灵洗脱效果的影响

（a）氯丹；（b）灭蚁灵

时，选用 10 mmol/L 的 Triton X-100、Tween 80 或 HPCD 既可以取得较好的洗脱效果，同时又能兼顾成本。

2.2.2.2　洗脱时间对洗脱效果的影响

洗脱时间是影响土壤洗脱修复的另一个重要因素。研究表明，超声可显著促进土壤中污染物的解吸，并已应用于土壤有机污染物的淋洗过程（孙明明 等，

2013)。在洗脱剂浓度为 10 mmol/L，液固比为 10∶1 的条件下，120 min 内氯丹和灭蚁灵的洗脱效果随时间变化情况如图 2-3 所示。

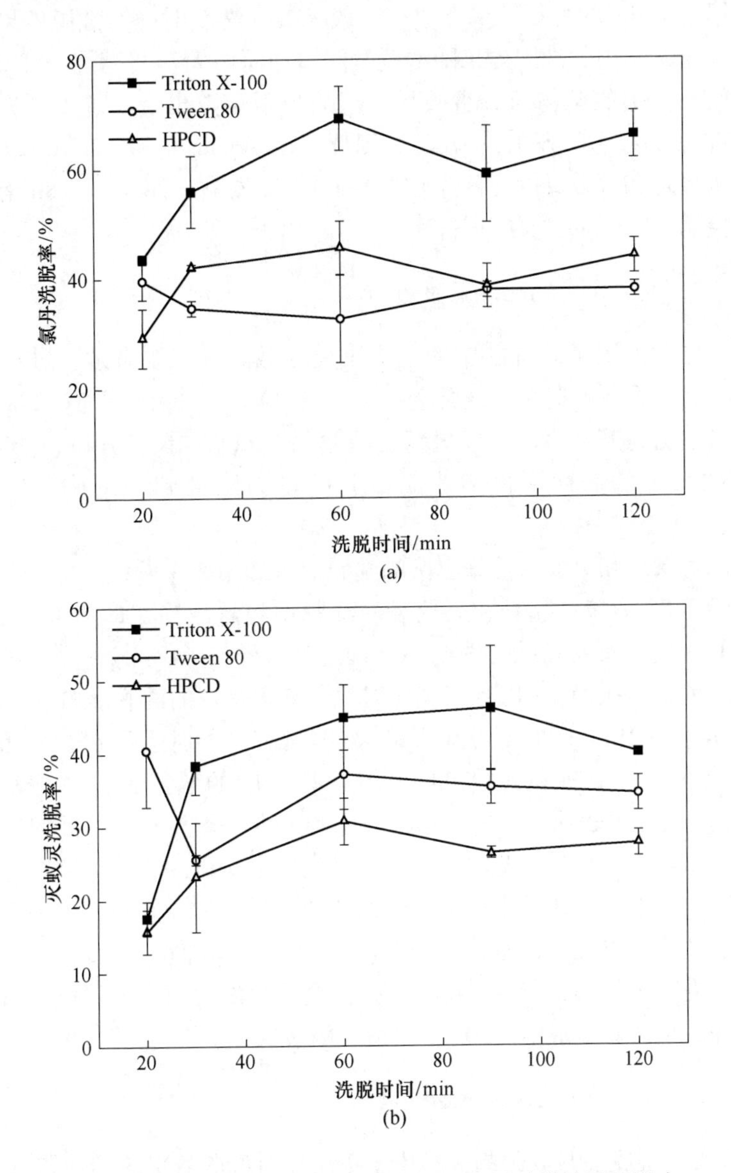

图 2-3　洗脱时间对污染土壤中氯丹和灭蚁灵洗脱效果的影响

(a) 氯丹；(b) 灭蚁灵

Triton X-100 和 HPCD 对氯丹和灭蚁灵的洗脱率随超声时间的增加均呈现出：在初始 60 min 内，随时间增加，洗脱率增加；60 min 后，随洗脱时间延长洗脱率轻微浮动。Tween 80 对氯丹和灭蚁灵的洗脱效果在 20 min 已达最好，对其洗脱率分别为39.6%、40.5%；超过20 min，随时间延长，氯丹的洗脱率无明显变化，灭蚁灵的洗脱率轻微下降。这与张方立等（2014）采用Triton X-100和β-环糊精对土壤中PCBs的解吸结果类似。一般来说，洗脱时间对洗脱效果的影响表现为：在一定时间内，洗脱效果随洗脱时间增加而增大（马满英 等，2008）；超过一定时间，土壤的矿物组分被破坏、新的吸附位点出现，造成再吸附现象发生，影响洗脱效果（田齐东，2011）。因此，用Triton X-100或HPCD溶液洗脱污染土壤中氯丹和灭蚁灵的时间应控制在60 min左右；用Tween 80溶液对其洗脱，时间控制在20 min左右为宜。

2.2.2.3 液固比对洗脱效果的影响

液固比也是土壤增效洗脱中的一个重要参数，选取要合适，过小不利于搅拌，过大则增加设备负荷量，通常选在4∶1～20∶1（籍国东 等，2007）。研究表明，适当地提高液固比，可以提高洗脱效果（洪俊 等，2014）；液固比减小，则需要添加大量的表面活性剂才能使界面张力降低到一定值（Laha et al.，2009）。

液固比对氯丹和灭蚁灵污染土壤的洗脱效果如图2-4所示。

Triton X-100溶液对氯丹和灭蚁灵的洗脱率随着液固比的增大而迅速增加，到达10∶1时氯丹和灭蚁灵的洗脱率分别达到69.2%和44.9%，继续增加液固比，则洗脱率增加缓慢。HPCD液固比对氯丹和灭蚁灵的洗脱影响与Triton X-100一致，液固比为10∶1时氯丹和灭蚁灵的洗脱率分别达到45.6%和30.7%。Tween 80液固比对氯丹和灭蚁灵的洗脱效果影响的总体趋势与Triton X-100、HPCD基本一致，也表现为：在一定液固比范围内，氯丹和灭蚁灵的洗脱率随液固比的增加而增大；超过此范围，洗脱率呈现增加缓慢的趋势。这是因为液固比增大，相同质量土壤的体系中表面活性剂的加入量增加，其液相体积变大，污染物与表面活性剂可以充分接触，从而提高洗脱率（马婵媛，2008）。尽管过高的液固比可以提高氯丹和灭蚁灵的洗脱率，但会导致洗脱剂投加量成本增加。同时综合考虑洗脱率和修复成本，10∶1是适宜的液固比。

2.2.2.4 洗脱剂溶液洗脱次数实验

3种洗脱剂洗脱氯丹和灭蚁灵污染土壤次数对洗脱效果的影响如图2-5所示。

随着洗脱次数的增加，氯丹和灭蚁灵的累计洗脱率增加，但单次洗脱率明显减少。Triton X-100、Tween 80和HPCD对氯丹的单次洗脱率分别为69.2%、32.7%和45.6%，三次累计洗脱率分别为98.7%、81.9%和74.4%；对灭蚁灵的单次洗脱率分别为44.9%、37.2%和30.7%，占三次累计洗脱率的99%、39.6%和53.5%。这与陈伟伟等（2010）用Tween 80增溶洗脱DDTs污染场地

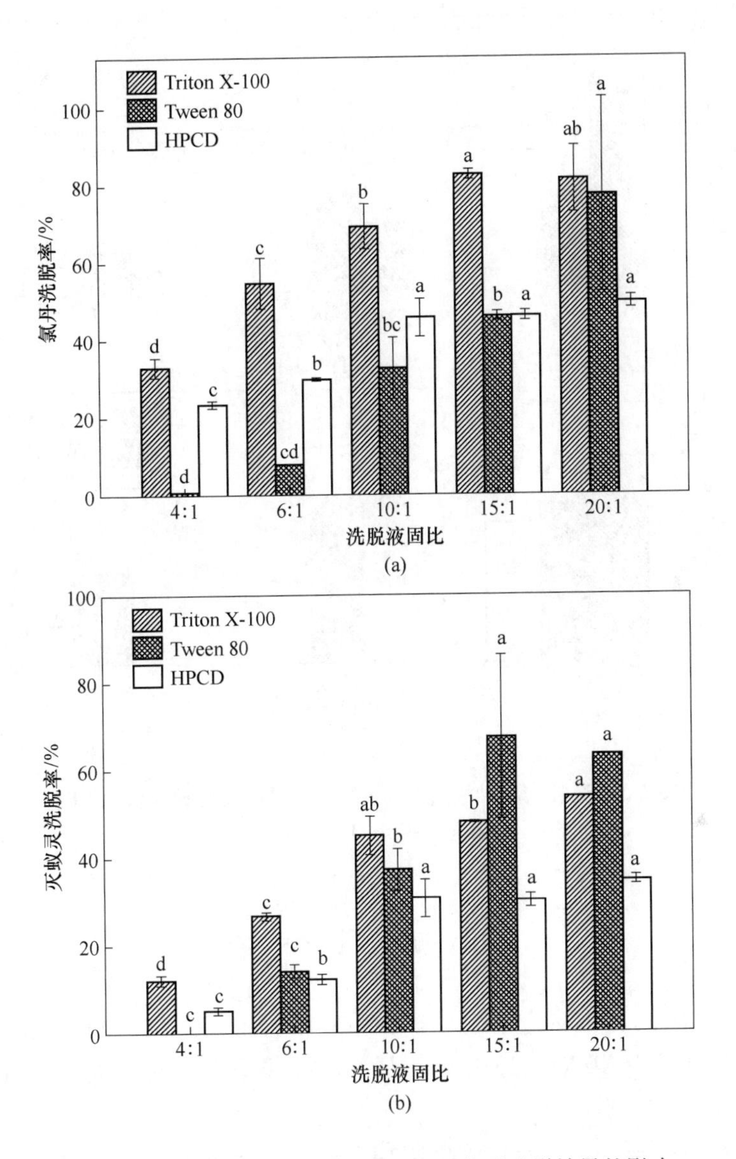

图 2-4 液固比对污染土壤中氯丹和灭蚁灵洗脱效果的影响
(a) 氯丹; (b) 灭蚁灵

土壤的研究结果相似。通常认为，土壤吸附的易解吸的 OCPs 随洗脱次数的增加而减少，而残留的固定态则很难被洗出（洪俊 等，2014）。综合考虑洗脱率、洗脱剂消耗量和废液产生量，3 次是比较适宜的洗脱次数。叶茂等（2013）采用 Tenax TA 树脂连续提取法判断 OCPs 污染场地的淋洗终点，结果也表明 3 次淋洗较为合理。

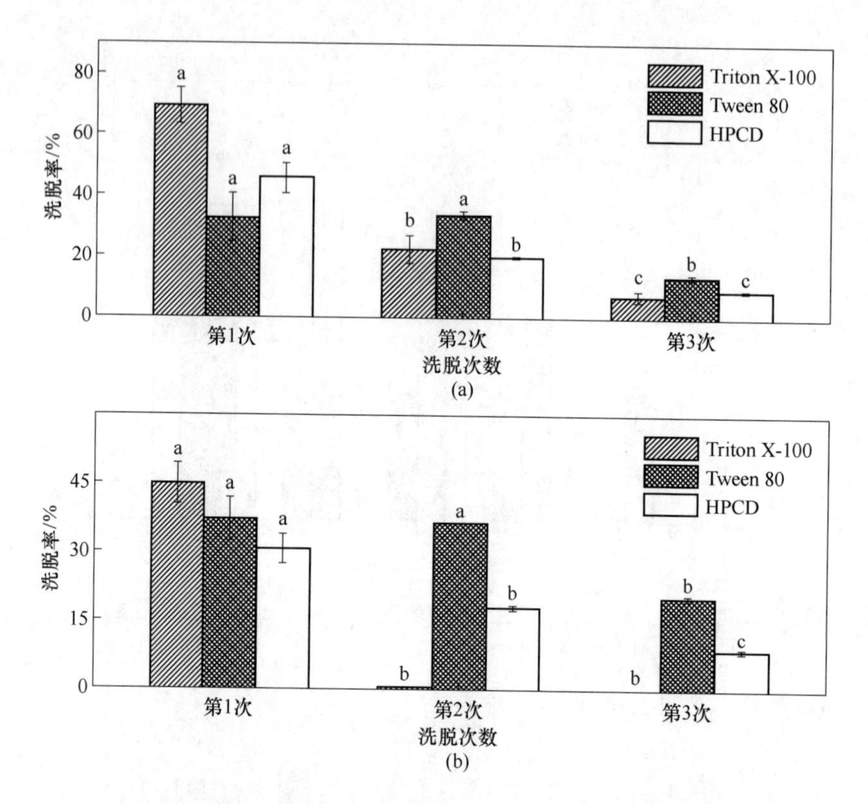

图 2-5　洗脱次数对污染土壤中氯丹和灭蚁灵洗脱效果的影响

（a）氯丹；（b）灭蚁灵

2.3　本章小结

（1）在 10 mmol/L 浓度下，非离子表面活性剂 Triton X-100、Tween 80 和环境友好型洗脱剂 HPCD 对氯丹和灭蚁灵的洗脱效果较好，可作为氯丹和灭蚁灵污染土壤的增效洗脱剂。

（2）Triton X-100、Tween 80 或 HPCD 浓度在 0～20 mmol/L 范围内，氯丹和灭蚁灵的洗脱率均随着洗脱剂浓度的增加而增大。在初始 60 min 内，Triton X-100 和 HPCD 对氯丹和灭蚁灵的洗脱率随时间的增加而增大；60 min 后，随洗脱时间延长洗脱率轻微浮动。Tween 80 对氯丹和灭蚁灵的洗脱效果在 20 min 最好，对其洗脱率分别为 39.6%、40.5%。3 种洗脱剂对氯丹和灭蚁灵的洗脱率随液固比均呈现出：在一定液固比范围内，氯丹和灭蚁灵的洗脱率随液固比的增加而增大；超过此范围，洗脱率呈现增加缓慢的趋势。累计洗脱可增加洗脱率。Triton X-100、Tween 80 和 HPCD 对氯丹三次累计洗脱的洗脱率分别高达 98.7%、81.9% 和

74.4%；对灭蚁灵三次累计洗脱率可达45.3%、93.9%和57.4%。

（3）Triton X-100或HPCD洗脱氯丹和灭蚁灵污染土壤的最佳工艺参数为：浓度为10 mmol/L、洗脱时间为60 min、液固比为10∶1、洗脱3次。Tween 80洗脱氯丹和灭蚁灵污染土壤的最佳工艺参数为：浓度为10 mmol/L、洗脱时间为20 min、液固比为10∶1、洗脱3次。

参 考 文 献

陈宝梁，朱利中，林彬，等，2004. 阳离子表面活性剂增强固定土壤中的苯酚和对硝基苯酚［J］. 土壤学报，4(1)：168-171.

陈伟伟，王国庆，章瑞英，等，2010. Tween 80对DDTs污染场地土壤的增溶洗脱效果研究［J］. 农业环境科学学报，29(2)：276-281.

洪俊，徐君君，李锦，等，2014. 鼠李糖脂洗脱氯丹和灭蚁灵污染场地土壤的工艺参数［J］. 环境工程学报，8(6)：2592-2596.

籍国东，周国辉，2007. 异位化学淋洗修复石油类污染土壤［J］. 北京大学学报(自然科学版)，43(6)：863-871.

蒋兵，2007. 混合表面活性剂增溶洗脱PAHs的作用及机理研究［D］. 兰州：兰州交通大学.

陆凡，胡清华，李廷强，2015. 生物表面活性剂皂角苷对柴油污染土壤脱附的强化作用［J］. 农业环境科学学报，34(1)：37-43.

马婵媛，赵保卫，吴泳琪，等，2008. 表面活性剂对土壤中多环芳烃菲洗脱作用的比较研究［J］. 安全与环境学报，8(4)：19-24.

马满英，施周，刘有势，2008. 鼠李糖脂洗脱土壤中多氯联苯影响因素的研究［J］. 环境工程学报，2(1)：83-87.

马晓红，林志荣，赵玲，等，2014. 不同洗脱剂对污染场地土中多氯联苯洗脱效果的研究［J］. 安徽农业科学，42(4)：1047-1051，1065.

孟蝶，万金忠，张胜田，等，2014. 鼠李糖脂对林丹-重金属复合污染土壤的同步淋洗效果研究［J］. 环境科学学报，33(1)：229-237.

孙明明，滕应，骆永明，等，2013. 甲基β环糊精对污染场地土壤中多环芳烃的异位增效洗脱修复研究［J］. 环境科学，34(6)：2428-2435.

田齐东，2011. 氯丹/灭蚁灵污染场地土壤增效洗脱修复技术研究［D］. 南京：南京农业大学.

王琪，赵娜娜，黄启飞，等，2007. 氯丹和灭蚁灵在污染场地中的空间分布研究［J］. 农业环境科学学报，26(5)：1630-1634.

肖鹏飞，应杉，李玉文，2014. 阴-非离子表面活性剂对黑土中DDTs的洗脱研究［J］. 水土保持学报，28(6)：283-288.

熊雪丽，2011. 有机氯农药污染场地土壤增效洗脱剂筛选及洗脱条件优化［D］. 南京：南京农业大学.

熊雪丽，占新华，周立祥，2012. 不同洗脱剂对有机氯农药污染场地土壤修复效果比较［J］. 环境工程学报，6(1)：347-352.

闫瑞，余晖，黄国和，等，2015. 双子表面活性剂$CG_{12\text{-}3\text{-}12}$、鼠李糖脂与TX-100对多环芳烃增溶作用的比较研究［J］. 环境科学学报，35(1)：229-237.

姚伦芳，滕应，刘方，等，2014. 多环芳烃污染土壤的微生物-紫花苜蓿联合修复效应［J］. 生态环境学报，23(5)：890-896.

叶茂，孙明明，王利，等，2013. 花生油与羟丙基β环糊精对有机氯农药污染场地土壤异位增效淋洗修复研究［J］. 土壤，45(5)：918-927.

张方立，党志，孙贝丽，等，2014. 不同淋洗剂对土壤中多氯联苯的洗脱［J］. 环境科学研究，27(3)：287-294.

AHMAD M, SIMON M A, SHERRIN A, et al., 2013. Treatment of polychlorinated biphenyls in two surface soils using catalyzed H_2O_2 propagations [J]. Chemosphere, 84(7): 855-862.

EDWARDS D A, LIU Z, LUTHY R, 1994. Surfactant solubilization of organic compounds in soil/aqueous systems [J]. Journal of Environmental Engineering, 120(1): 5-12.

FAVA F, CICCOTOSTO V F, 2002. Effects of randomly methylated-beta-cyclodextrins (RAMEB) on the bioavailability and aerobic biodegradation of polychlorinated biphenyls in three pristine soils spiked with a transformer oil [J]. Applied Microbiology and Biotechnology, 58(3): 393-399.

LAHA S, TANSEL B, USSAWARUJIKULCHAI A, 2009. Surfactant-soil interactions during surfactant-amended remediation of contaminated soils by hydrophobic organic compounds: A review [J]. Journal of Environmental Management, 90(1): 95-100.

RASIAH V, VORNEY R P, 1993. Assessment of selected surfactants for enhancing C mineralization of an oily waste [J]. Water Air Soil Pollution, 71(3/4): 347-356.

URUM K, PEKDEMIR T, COPUR M, 2003. Optimum conditions for washing of crude oil-contaminated soil with biosurfactant solutions [J]. Process Safety Environmental Protection, 81(3): 203-209.

URUM K, PEKDEMIR T, ROSS D, et al., 2005. Crude oil contaminated soil washing in air sparging assisted stirred tank reactor using biosurfactants [J]. Chemosphere, 60(3): 334-343.

WANG P, KELLER A A, 2009. Partioning of hydrophobic pesticides within a soil-water-anionic surfactant system [J]. Water Research, 43(3): 706-714.

XU J, XU Y, DAI S G, 2006. Effect of surfactants on desorption of aldicarb from spiked soil [J]. Chemosphere, 62(10): 1630-1635.

YE M, YANG X L, SUN M M, et al., 2013. Use of organic solvents to extract organochlorine pesticides (OCPs) from aged contaminated soils [J]. Pedosphere, 23(1): 10-19.

ZHENG Z M, OBBARD J P, 2002. Evaluation of an elevated non-ionic surfactant critical micelle concentration in a soil/aqueous system [J]. Water Research, 36(10): 2667-2672.

3 光降解处理洗脱液中氯丹和灭蚁灵研究

近年来，增效洗脱技术因具有快速、高效等优点得到越来越广泛的重视。然而在该技术应用过程中，会产生大量含有目标污染物的洗脱废液，需要进行处理。目前关于 OCPs 污染土壤增效洗脱修复的洗脱液后处理技术研究较晚，现有技术如有机溶剂萃取、活性炭吸附、空气吹脱、膜分离等，只是实现了污染物的转移，污染物仍然存在并可能危害生态环境（Ang et al.，1994；Lee et al.，2002；Ahn et al.，2007）。

光化学反应不可逆地改变了有机污染物的结构分子，强烈地影响着水环境中某些污染物，是有机污染物的真正分解过程（戴树桂，1997）。自然环境中的紫外光（290～450 nm）极易被有机物吸收，在活性物种存在下即发生强烈的光化学反应，从而使有机污染物降解（陈菊香，2008）。在此背景下，利用紫外光降解技术处理有机污染物受到了研究者的关注。如 Liu 等（2012）采用低压汞灯光催化降解一种新型含氮杂环取代的异恶唑烷化合物，并检测出 11 种降解产物。又如陈云飞等（2008）研究了甲基对硫磷的光降解作用。

光降解是环境中许多卤族有机物被去除的主要途径（Wang et al.，2013）。国外已有学者研究了氯丹和灭蚁灵在二丙醇、环己烷、异辛烷和腐殖酸等体系中的紫外光降解（Burns et al.，1997；Yamada et al.，2008），但不同溶剂体系对农药光降解的影响尚不清楚。研究表明，表面活性剂可作为供氢源，从而提高污染物的光脱氯效率（Chu et al.，2002）。非离子表面活性剂 Triton X-100 中的发色芳基可吸收紫外光，促进污染物的光降解（Tanaka et al.，1981）。因此，尽管光降解技术具有处理土壤洗脱液中氯丹和灭蚁灵的潜在可行性，但国内外对于这方面的研究还未见报道。

农药通过光降解既可能转化为无毒或低毒的物质，也可能转化为毒性更大的有机物（苗海生 等，2012）。考查污染物光降解过程的中间产物有助于揭示这一过程中污染物的降解机理，以评价光降解技术的应用可行性。由于土壤洗脱液的性质复杂，除表面活性剂和污染物本身外，还含有机组分、无机离子等成分，它们的存在可能会干扰中间产物的分析，而通过对模拟洗脱液的研究可以避免此类问题的产生。Liu 等（2011）以模拟洗脱液为研究对象，采用光催化降解目标污染物，并揭示反应过程中催化剂/PCP/Triton X-100 之间的相互作用机理。研究发现，关于氯丹的降解及其产物的分析相对较多（Yamada et al.，2008；Cuozzo et al.，2012），而关于灭蚁灵的研究非常有限。

本章应用光降解技术处理非离子表面活性剂 Triton X-100 增效洗脱氯丹和灭蚁灵复合污染土壤的洗脱液；另外选用 Triton X-100 溶液增溶灭蚁灵并对混合溶液进行光降解，考查了灭蚁灵的降解产物，旨在为光降解技术处理 OCPs 污染土壤洗脱液及揭示灭蚁灵的光降解机理提供理论依据。

3.1　光降解处理洗脱液中氯丹和灭蚁灵的实验材料与方法

3.1.1　光降解处理洗脱液中氯丹和灭蚁灵的实验材料

氯丹和灭蚁灵标样购自国家标准物质研究中心。

正己烷、重铬酸钾、无水硫酸钠（400 ℃烘 4 h，冷却后储于密闭容器中备用）为分析纯；0.22 μm 尼龙滤膜；玻璃纤维滤膜。表面活性剂使用辛烷基聚氧乙烯醚（Triton X-100），为化学纯。

氯丹和灭蚁灵土壤洗脱液制备：称取 2 g 实际污染土壤（详见 2.1.2 节）于玻璃离心管中，加入 20 mL 10 mmol/L 的 Triton X-100。拧紧瓶盖，涡旋 30 s，超声 60 min，控制温度为 25 ℃，将样品于 3000 r/min 下离心 20 min，上清液过玻璃纤维滤膜，然后避光保存于 4 ℃冰箱中待用。测定洗脱液中氯丹和灭蚁灵的浓度分别为 8.4 mg/L 和 0.66 mg/L。

模拟洗脱液制备：取灭蚁灵母液 0.8 mL（丙酮溶剂）用 10 CMC Triton X-100 溶液定容到 100 mL，放入 180 r/min、28 ℃的摇床中振荡，12 h 后取出，过玻璃纤维滤膜，然后避光保存于 4 ℃冰箱中待用。经测定，灭蚁灵浓度为 5.26 mg/L。

3.1.2　光降解技术对洗脱液中氯丹和灭蚁灵的降解实验

取若干份 50 mL 洗脱液，放置于石英反应管（长 150 mm，内径 18 mm）中，并分别放入一枚磁力搅拌转子，将石英反应管放置于 XPA-Ⅱ光化学反应仪中（距离光源 100 mm）。反应仪器结构如图 3-1 所示，反应溶液温度通过冷却水循环控制在(25±2) ℃，用 500 W 中压汞灯（主波长为 365 nm 的紫外光）/500 W 氙灯（波长为 300 ~ 800 nm 的模拟日光）作为发射光源。待反应 0 h、0.5 h、1 h、2 h、3 h、4 h 时，取出 5 mL 反应液，加入 2 mL 铬酸，于 95 ℃下水浴 2 h。之后加入 8 mL 正己烷涡旋萃取 3 次，定容后，过 0.22 μm 尼龙滤膜，测定其中氯丹和灭蚁灵的含量。每个实验重复 3 次。

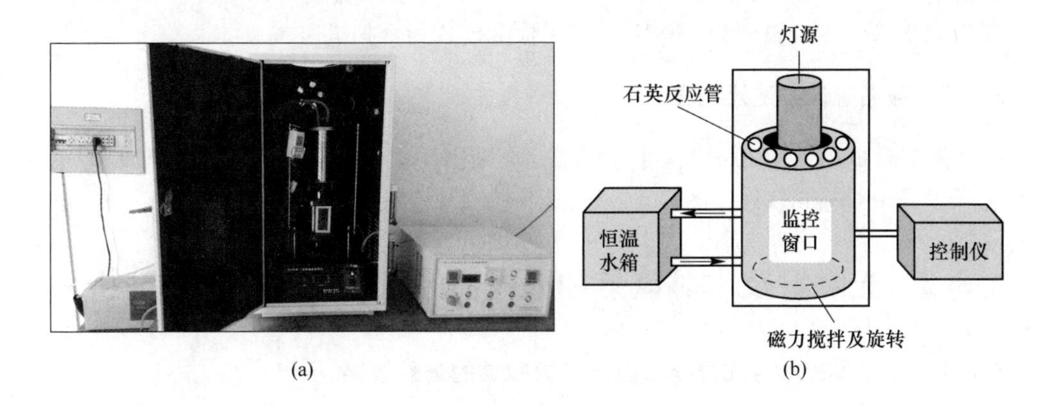

图 3-1 光催化反应器实物图和示意图
（a）实物图；（b）示意图

3.1.3 光降解技术对模拟洗脱液中灭蚁灵的降解实验

取若干份 10 mL 模拟洗脱液，放置于石英反应管中（长 150 mm，内径 18 mm），并分别放入一枚磁力搅拌转子，将石英反应管放置于 XPA-Ⅱ光化学反应仪中（距离光源 100 mm），反应溶液温度通过冷却水循环控制在(25±2) ℃，用 500 W 中压汞灯（主波长为 365 nm 的紫外光）作为发射光源。反应 4 h 时，终止反应，倒出全部液体，加入 2 mL 铬酸，于 95 ℃下水浴 2 h。之后加入 8 mL 正己烷萃取 3 次，定容后，过 0.22 μm 尼龙滤膜，测定其中灭蚁灵含量。每个实验重复 3 次。

3.1.4 测定方法

采用 Agilent 7890 GC-ECD 气相色谱仪测定氯丹和灭蚁灵。色谱柱：HP-5 (30.0 m×0.32 mm×0.25 μm，安捷伦科技有限公司)。进样量为 1.0 μL（不分流进样)，载气流速为 1.0 mL/min（99.999% 高纯氮，恒流模式)，进样口温度为 280 ℃，使用 ECD 检测器；采用升温程序：初始温度为 60 ℃，以 10 ℃/min 升温到 240 ℃，以 5 ℃/min 升温到 300 ℃，保持 10 min。

降解产物采用 Agilent 7890A-5975C 气相色谱–质谱连用仪（gas chromatography-mass spectrometry，GC-MS）（安捷伦科技有限公司）进行分析测定。色谱柱：HP-5MS（30.0 m×0.32 mm×0.25 μm，安捷伦科技有限公司)。进样量为 1.0 μL (不分流进样)，载气流速为 1.0 mL/min（99.999% 高纯氦气，恒流模式)，进样口温度为 280 ℃。采用升温程序：初始温度为 60 ℃，以 10 ℃/min 升温到 240 ℃，以 5 ℃/min 升温到 300 ℃，保持 10 min。质谱条件：电子轰击（EI）离子源，轰击电压为 70 eV，扫描范围 *m/z* 为 45 ~ 550，离子源温度为 230 ℃，四级杆温度为 150 ℃，接口温度为 280 ℃，离子检测模式为全扫描。

3.1.5　数据统计方法及制图

所有数据均采用 Excel 软件进行统计，采用 3 次重复的平均值 ± 标准偏差来表示。采用 Origin 软件绘图。

3.2　光降解技术对氯丹和灭蚁灵的去除效果及产物分析

3.2.1　光降解技术对洗脱液中氯丹和灭蚁灵的去除效果

光照可直接影响某些农药的降解。如灭蚁灵在烷烃（环己烷/异辛烷）溶剂中、450 W 中压汞灯照射下可进行光解（Alley et al.，1973）。图 3-2 显示了在紫外光（500 W 汞灯）或自然光（500 W 氙灯）照射下，氯丹和灭蚁灵的降解率随时间的变化。

结果表明：随光照时间的增加，洗脱液中氯丹和灭蚁灵的降解率逐渐增加。洗脱液中浓度为 8.4 mg/L 的氯丹在紫外光照射下，前 0.5 h 快速降解，降解率达到 52.3%，0.5 h 后，降解速率减缓，至 3 h 完全降解。自然光照射下，氯丹的降解率在前 2 h 呈直线升高，之后减慢，至 4 h 时氯丹的降解率为 76.8%。Yamada 等（2008）报道，溶解于乙醇中浓度为 10 ~ 30 mg/L 的顺式氯丹和反式氯丹在 1.7 W 汞灯下照射 60 min 后，两种污染物的去除率可达 97%，其污染物的降解速率为 9.7 ~ 29.1 mg/(L·h)，高于本实验中 500 W 汞灯照射下氯丹的降解速率 2.8 mg/(L·h)。这可能是由于两者的反应体系和污染物与溶剂的结合力不同。这与 Mudambi 和 Hassett（1988）报道灭蚁灵与不同类型的腐殖酸结合的差异影响灭蚁灵和 DOM 之间电子的相互作用，从而影响灭蚁灵光解率的报道相似。在紫外光照射下，0.5 h 时灭蚁灵的降解率高达 93.6%，并在 1 h 左右降解完全。在自然光照射下，灭蚁灵在前 0.5 h 降解迅速，之后逐渐变缓，至 3 h 时其降解率为 96.7%。

这说明光源对洗脱液中氯丹和灭蚁灵的降解有显著影响，紫外光照射对氯丹和灭蚁灵的降解效果均显著高于自然光照射。这是由于紫外光的波长短于自然光的波长，具有更高的能量。这与 Mudambi 和 Hassett（1988）的研究结果相似，在腐殖酸溶液中，灭蚁灵的降解速率随光的波长增加而减少。同样地，Lambrych 和 Hassett（2006）报道，波长的量子产率系数是影响灭蚁灵光解的关键因素；随着波长延长，灭蚁灵的光解率下降。Cao 等（2010）采用 VUV（限制波长 185 nm）与 UV（限制波长 254 nm）光降解全氟辛酸，结果表明，拥有高光子能量的前者对污染物的直接光降解效果优于后者。

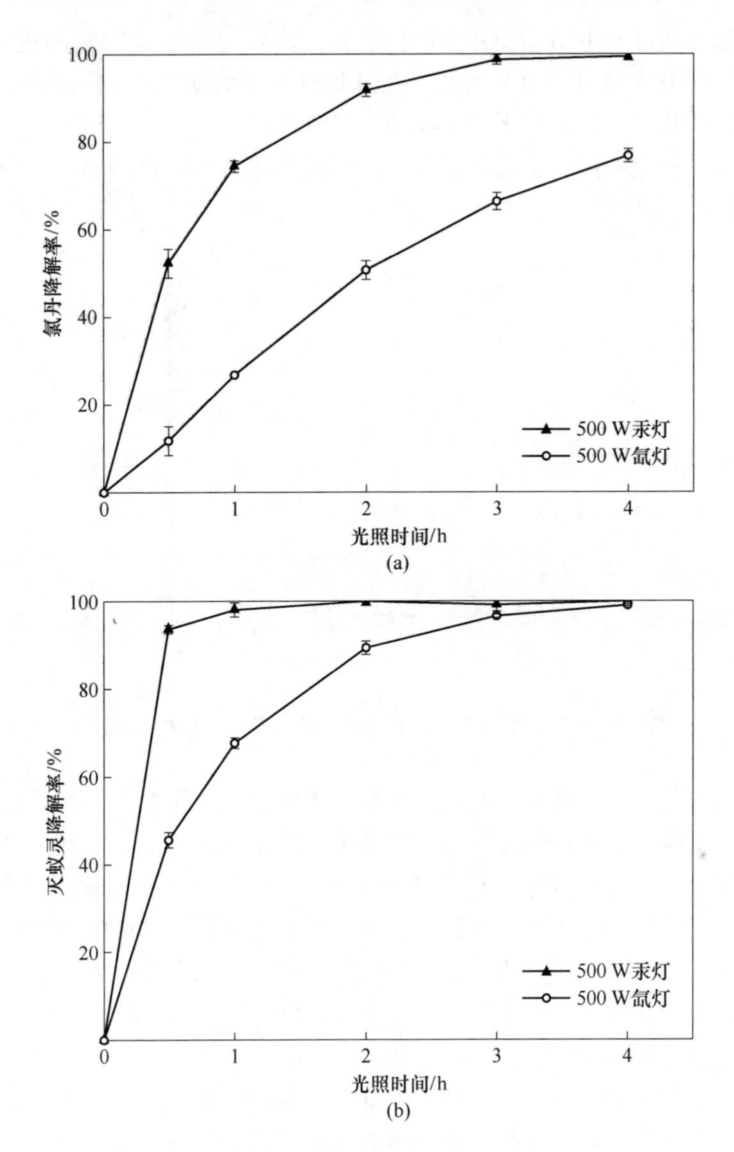

图 3-2 不同光照光源对氯丹和灭蚁灵的光降解效率的影响

（a）氯丹；（b）灭蚁灵

3.2.2 光降解技术对模拟洗脱液中灭蚁灵的去除效果及产物分析

光降解过程产生的中间产物有助于揭示污染物的降解机理，评价光降解技术应用的可行性。在汞灯光催化降解污染物的过程中，氯丹的降解率为100%。Yamada 等（2008）研究表明，顺式氯丹和反式氯丹在紫外光照射下，随着反应时间延长，会产生中间产物 $C_{10}H_6Cl_6$ 及其同分异构体的累积，之后逐渐消失至完全脱氯矿化。通过3.1节实验中GC的分析，仅发现灭蚁灵产物的累积。因此，本书通过GC-MS分析了500 W汞灯光照4 h模拟洗脱液中灭蚁灵的降解产物，通过分析降解产物的生成，探索污染物的光降解机制。

在紫外光催化降解污染物的过程中，灭蚁灵的降解率为79.3%，降解产物的GC谱图如图3-3所示。

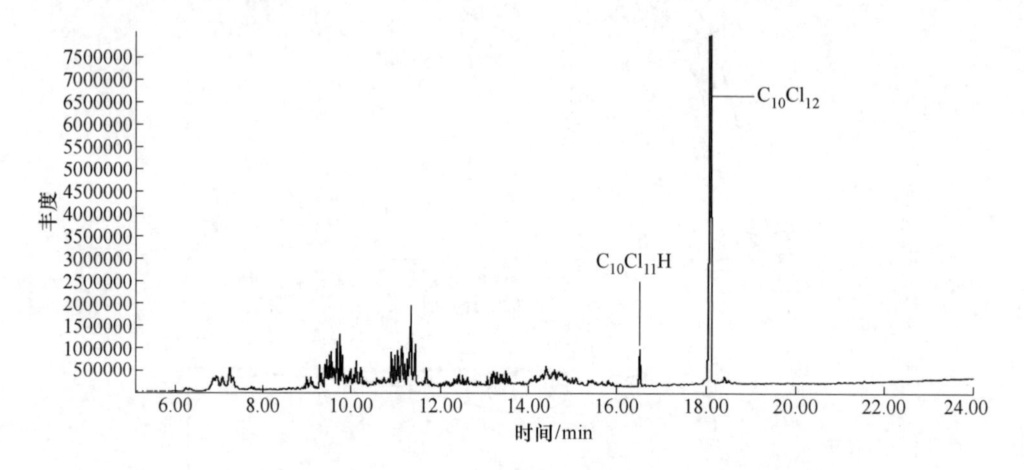

图3-3 Triton X-100溶液中光解灭蚁灵及其产物的GC谱图

由图3-3可知，灭蚁灵的出峰时间为18.058 min，通过GC-MS质谱碎片分析（图3-4），只检测到一种降解产物，为$C_{10}Cl_{11}H$（16.510 min），其余碎片未能确定。灭蚁灵分子式为$C_{10}Cl_{12}$，在光降解过程中，灭蚁灵分子在脱掉一个·Cl的同时加入一个·H，发生脱氯加氢的还原反应。这与Chu等（1998）研究紫外光降解土壤洗脱液中的PCB，污染物发生还原反应，产生低氯产物的结果相似。

研究表明，在氢源或电子供体存在下，污染物发生电子转移的脱氯反应；被激发的芳基氯化物$ArCl^*$接收来自电子供体（D）的电子后形成不稳定的芳基阴离子自由基，裂解C—Cl键后，产生芳基自由基和氯离子，之后芳基自由基与来自表面活性剂的·H迅速反应，产生ArH。反应过程如下（Chu et al.，1998；Chu el al.，2002）：

$$D + ArCl^* \longrightarrow \cdot D^+ + \cdot ArCl^- \tag{3-1}$$

$$\cdot ArCl^- \longrightarrow \cdot Ar + Cl^- \tag{3-2}$$

$$\cdot Ar + \cdot H \longrightarrow ArH \tag{3-3}$$

Norstrom和Hallett（1980）发现了环境中灭蚁灵的降解产物为$C_{10}Cl_{11}H$和$C_{10}Cl_{10}H_2$，证明了其发生还原反应。相同地，Burns等（1996）报道灭蚁灵在表层水体和DOM中发生脱氯加氢的还原反应，灭蚁灵的光转化机理为DOM吸收光能产生短暂的活性物种还原灭蚁灵，产生一氢产物，进而产生二氢产物。

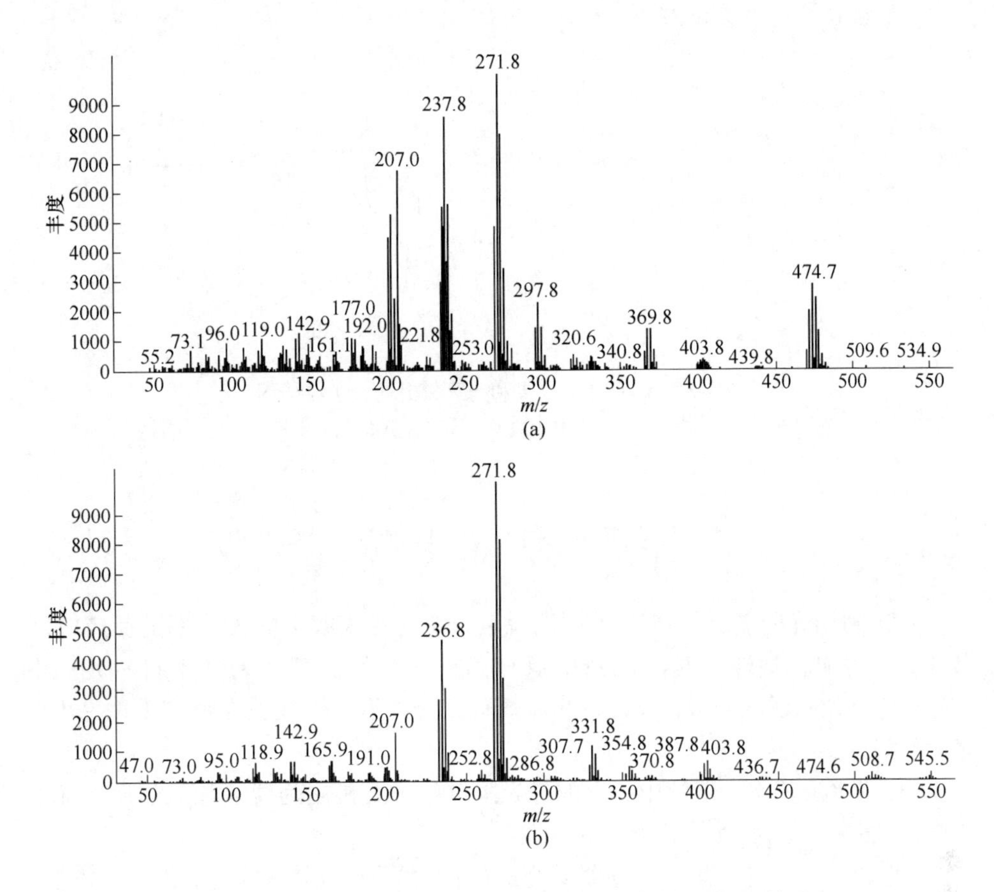

图 3-4 Triton X-100 溶液中光解灭蚁灵及其产物的 MS 谱图

（a）$C_{10}Cl_{11}H$；（b）$C_{10}Cl_{12}$

$C_{10}Cl_{11}H$ 为一氢灭蚁灵（10-一氢灭蚁灵）或光灭蚁灵（8-一氢灭蚁灵）（Burns et al.，1997），其分子结构如图 3-5 所示。通过将灭蚁灵的降解产物 MS 图谱（图 3-4）与 Norstrom 和 Hallett（1980）的研究中灭蚁灵产物的质谱图相比对，确定本实验的降解产物为光灭蚁灵。光灭蚁灵同灭蚁灵有相似的分子结构和理化性质（Burns et al.，1997）。Fujimori 等（1980）研究了光灭蚁灵对小鼠的毒性，小鼠经口 LD50 为 225～250 mg/kg，实验表明，小鼠每天口服光灭蚁灵含量为 50 mg/kg 的玉米油，4 天后死亡，其毒性甚至大于母体灭蚁灵。

对于洗脱液的直接光照而言，灭蚁灵只发生了还原脱氯反应，其产物光灭蚁灵的毒性更大，因此单独的紫外光照射不适合处理洗脱液中的灭蚁灵，需寻找其他更有效的方法进行处理。尽管氯丹可以在 500 W 紫外灯照射下完全降解，但在该过程中耗能较大，需寻找更经济环保的方法进行处理。

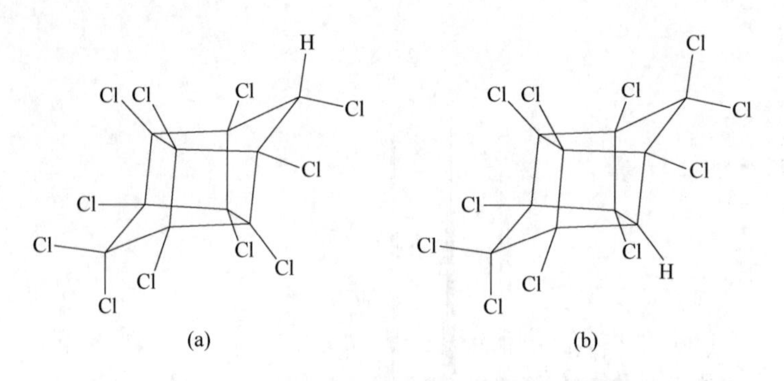

图 3-5　10-一氢灭蚁灵和光灭蚁灵的分子结构图

（a）10-一氢灭蚁灵；（b）光灭蚁灵

3.3　本章小结

（1）利用光降解技术处理土壤洗脱液，氯丹和灭蚁灵的去除率随反应时间的延长而增加。紫外光对洗脱液中氯丹和灭蚁灵的降解效果好于自然光。用500 W 紫外光照射洗脱液，反应 3 h 后氯丹完全降解，灭蚁灵在反应 1 h 后几乎完全降解。

（2）Triton X-100 溶液中，灭蚁灵光降解的主要机制为脱氯加氢作用，降解产物为光灭蚁灵，但其具有很强的毒性。

（3）光降解技术不能有效地降低洗脱液中灭蚁灵的环境风险，需进一步处理。

参考文献

陈菊香，2008. 紫外-催化氧化引用水中六六六的研究［D］. 唐山：河北理工大学.

陈云飞，曾清如，马云龙，等，2008. β-环糊精衍生物对甲基对硫磷的增溶洗脱和光降解［J］. 环境科学与技术，31(4)：37-40.

戴树桂，1997. 环境化学［M］. 北京：高等教育出版社.

苗海生，余向阳，王鸣华，等，2012. 表面活性剂对氯虫苯甲酰胺在水溶液中光解的影响［J］. 江苏农业学报，28(4)：754-757.

AHN C K, KIM Y M, WOO S H, et al., 2007. Selective adsorption of phenanthrene dissolved in surfactant solution using activated carbon［J］. Chemosphere, 69(11)：1681-1688.

ALLEY E G, DOLLAR D A, LAYTON B R, 1973. Photochemistry of mirex［J］. Journal of Agricultural and Food Chemistry, 21(1)：138-139.

ANG C C, ABDUL A S, 1994. Evaluation of an ultrafiltration method for surfactant recovery and reuse during in situ washing of contaminated sites：Laboratory and field studies［J］. Ground Water Monitoring and Remediation, 14(3)：160-171.

BURNS S E, HASSETT J P, ROSSI M V, 1996. Binding effects on humic-mediated photoreaction: Intrahumic dechlorination of mirex in water [J]. Environmental Science and Technology, 30(10): 2934-2941.

BURNS S E, HASSETT J P, ROSSI M V, 1997. Mechanistic implications of the intrahumic dechlorination of mirex [J]. Environmental Science and Technology, 31(5): 1365-1371.

CAO M H, WANG B B, YU H S, et al., 2010. Photochemical decomposition of perfluorooctanoic acid in aqueous periodate with VUV and UV light irradiation [J]. Journal of Hazardous Materials, 179 (1/2/3): 1143-1146.

CHU W, JAFVERT C T, DIEHL C A, 1998. Phototransformations of polychlorobiphenyls in Brij 58 micellar solutions [J]. Environmental Science and Technology, 32(13): 1989-1993.

CHU W, KWAN C Y, 2002. The direct and indirect photolysis of 4,4′-dichlorobiphenyl in various surfactant/solvent-aided systems [J]. Water Research, 36(9): 2187-2194.

CUOZZO S A, FUENTES M S, BOURGUIGNON N, et al., 2012. Chlordane biodegradation under aerobic conditions by indigenous Streptomyces strains [J]. International Biodeterioration and Biodegradation, 66(1): 19-24.

FUJIMORI K, HO I K, MEHENDALE H M, 1980. Assessment of photomirex toxicity in the mouse [J]. Journal of Toxicology and Environmental Health, 6(4): 869-876.

LAMBRYCH K L, HASSETT J P, 2006. Wavelength-dependent photoreactivity of mirex in Lake Ontario [J]. Environmental Science and Technology, 40(3): 858-863.

LEE D H, CODY R D, KIM D J, 2002. Surfactant recycling by solvent extraction in surfactant-aided remediation [J]. Separation and Purification Technology, 27(1): 77-82.

LIU J W, HAN R, WANG H T, et al., 2011. Photoassisted degradation of pentachlorophenol in a simulated soil washing system containing nonionic surfactant Triton X-100 with La-B codoped TiO_2 under visible and solar light irradiation [J]. Applied Catalysis B: Environmental, 103 (3/4): 470-478.

LIU P F, XU Y J, LI J Q, et al., 2012. Photodegradation of the isoxazolidine fungicide SYP-Z048 in aqueous solution: Kinetics and photoproducts [J]. Journal of Agricultural and Food Chemistry, 60 (47): 11657-11663.

MUDAMBI A R, HASSETT J P, 1988. Photochemical activity of mirex associated with dissolved organic matter [J]. Chemosphere, 17(6): 1133-1146.

NORSTROM R J, HALLETT D J, 1980. Mirex and its degradation products in Great Lakes herring gulls [J]. Environmental Science and Technology, 14(7): 860-866.

TANAKA F S, WIEN R G, MANSAGER E R, 1981. Survey for surfactant effects on the photodegradation of herbicides in aqueous media [J]. Journal of Agricultural and Food Chemistry, 29(2): 227-230.

WANG S W, HUANG J, YANG Y, et al., 2013. Photodegradation of dechlorane plus in n-nonane under the irradiation of xenon lamp [J]. Journal of Hazardous Materials, 260(15): 16-23.

YAMADA S, NAITO Y, MASAFUMI F, 2008. Photodegradation fates of cis-chlordane, trans-chlordane, and heptachlor in ethanol [J]. Chemosphere, 70(9): 1669-1675.

4 UV/针铁矿/H_2O_2 降解氯丹的可行性及条件优化研究

OCPs是一种具有持久性的有机污染物，其化学性质稳定，毒性强，亲脂性高，且半挥发性较强（安琼 等，2005）。2001 年 5 月，各国签署了《关于持久性有机污染物的斯德哥尔摩公约》，首批列入公约的 12 种持久性有机污染物中包括氯丹、灭蚁灵等 9 种有机氯杀虫剂（武丽辉 等，2017）。随着《斯德哥尔摩国际公约》的实施以及中国“退城进园”等政策的推进，OCPs 生产企业相继关闭或搬迁，大量污染场地已被遗留下来，这些场地的修复已迫在眉睫。

近年来，洗脱修复技术由于其快速高效、低成本等优点而备受土壤修复人员关注。然而，洗脱后污染物并没有被彻底去除，而是存在于土壤洗脱液中。若不加以适当处理，可能会导致二次污染，因此对洗脱液的处理至关重要。由第 3 章的研究可知，氯丹可以在 500 W 紫外灯照射下完全降解，但在该过程中耗能较大，需寻找更经济环保的方法进行处理。

Fenton 技术在有机污染物处理中表现出色，具有显著的效果。其反应机理主要是 Fe^{2+} 和 H_2O_2 生成强氧化性的羟基自由基（·OH），从而降解有机污染物。在光照条件下，Fe^{2+} 与 Fe^{3+} 的转化率提高，加快了·OH 的生成速率,进而提高了 Fenton 反应的降解能力（Xian et al.，2019）。然而，传统的均相光 Fenton 技术存在 pH 值范围窄、易产生铁泥污染和 H_2O_2 利用效率低等缺点。因此，异相光 Fenton 技术逐渐受到研究者的关注。该技术使用固体催化剂，克服了传统技术的缺点，操作简单，催化剂种类丰富易得，在降解有机污染物方面具有广阔的应用前景。针铁矿（α-FeOOH）是一种比表面积大、对 H_2O_2 利用效率高的铁氧化物，能够在异相 Fenton 技术中表现出显著的降解效果（Hou et al.，2017）。

本章采用扫描电子显微镜（SEM）、X 射线衍射（XRD）、BET 比表面积检测（BET）及傅里叶红外光谱（FTIR）等方式对合成的针铁矿进行表征，探究 UV/针铁矿/H_2O_2 降解 Triton X-100 溶液中氯丹的可行性，并研究了 pH 值、针铁矿投加量、H_2O_2 浓度对该方法降解氯丹的影响。

4.1 UV/针铁矿/H_2O_2 降解氯丹的实验材料与方法

4.1.1 UV/针铁矿/H_2O_2 降解氯丹的实验材料

氯丹购于国家标准物质研究中心。

二氯甲烷、正己烷、丙酮、甲醇、乙醇、H_2O_2、浓 H_2SO_4、NaOH、$Fe(NO_3)_3$、$HClO_4$、KOH 等均为分析纯；无水硫酸钠（400 ℃烘 4 h，冷却后储于密闭容器中备用）为分析纯。表面活性剂使用辛烷基聚氧乙烯醚（Triton X-100），为化学纯。

所用主要仪器见表 4-1。

表 4-1 实验仪器

名　称	型号	厂　家
磁力加热搅拌器	CJJ-78-1	上海梅香仪器有限公司
电子分析天平	BS224	北京赛多利斯仪器系统有限公司
旋转蒸发仪	RE-52CS-2	上海亚荣生化仪器厂
超声波清洗器	KQ-400KED	昆山市超声仪器有限公司
pH 计	pHS-3C	上海仪电科学仪器股份有限公司
气浴恒温振荡器	THZ-92A	上海博迅实业有限公司医疗设备厂
紫外可见分光光度计	752N	上海精科实业有限公司
多通道光催化反应系统	PCX50C	北京泊菲莱科技有限公司
涡旋仪	VS-2500T	无锡沃信仪器制造有限公司
离心机	TDZ4-WS	上海卢湘仪离心机仪器有限公司
气相色谱仪（配 ECD 检测器）	Agilent 7890A	安捷伦科技有限公司
气相色谱-质谱联用仪（GC-MS）	Agilent 7890A-5975C	安捷伦科技有限公司
烧杯、容量瓶、锥形瓶、玻璃棒等玻璃仪器	不等	上海垒固仪器有限公司

4.1.2 针铁矿的制备与表征

4.1.2.1 针铁矿的制备

针铁矿采用化学方法制备：准备一个 2 L 的聚乙烯瓶，并在其中加入 100 mL

浓度为 1 mol/L 的 $Fe(NO_3)_3$ 溶液。在磁力搅拌器的作用下，快速加入 180 mL 浓度为 5 mol/L 的 KOH 溶液，这样会立即产生红棕色沉淀，之后立即向反应体系中加入去离子水，使得总体积保持在 2 L。将反应体系密封后，将其放入 70 ℃的烘箱中烘 60 h。取出聚乙烯瓶后，过滤悬浮物，将沉淀用去离子水洗涤 3 次。然后，在 50 ℃的条件下将其烘干至恒定重量。最后，将干燥后的产物保存在干燥器中备用。

4.1.2.2　针铁矿的表征

XRD 实验采用 Rigaku Rotaflex D/max 型旋转阳极 X 射线衍射仪。测试条件为：管电压为 40 kV，电流为 40 mA，扫描速度为 5（°）/min，步长为 0.02°。SEM 实验采用 Hitachi S-4700 型扫描电子显微镜。测试条件为：加速电压为 20 kV，矿物表面经过镀金处理。矿物的比表面积采用 BET 方法测定，使用 AUTOSORB-1 型气体吸附仪。FTIR 实验采用 NEXUS870 红外光谱仪。测试条件为：分辨率为 2.000 cm^{-1}，扫描次数为 32，波长范围为 400～4000 cm^{-1}，采用 KBr 压片法。

4.1.3　UV/针铁矿/H_2O_2 降解氯丹的可行性实验

氯丹储备液制备：取 10 mg 氯丹，先用少量丙酮溶解，而后用正己烷定容至 50 mL，得到 200 mg/L 的氯丹标准储备液，放入 4 ℃冰箱保存备用。

稀释氯丹标准储备液浓度至 1 mg/L：取氯丹储备液 2.5 mL，待丙酮与正己烷全部挥发干后，加入 500 mL Triton X-100 溶液，置于磁力搅拌器上搅拌 1 h 以让氯丹充分溶解，所得溶液中氯丹浓度即为 1 mg/L。

取 50 mL 浓度为 1 mg/L 的氯丹溶液放于石英反应瓶中（若体系含针铁矿，则先加针铁矿，再加入氯丹溶液）进行反应。

接下来，进行 4 种不同情况下的实验，分别为：H_2O_2、针铁矿、针铁矿/H_2O_2、无处理（作为对照组）。在每种情况下分别设置有 UV 光和无光的条件。实验条件如下：UV 光波长为 365 nm，光强为 90%；搅拌速度为 300 r/min；Triton X-100 浓度选用 1 CMC（Triton X-100 的 CMC 为 144 mg/L）；针铁矿为 0.1 g/L；H_2O_2 为 50 mmol/L；控制反应温度为 28 ℃。分别在 0 h、2 h、4 h、8 h、12 h、24 h 取样，每次取 1 mL，并将其加入 10 mL 正己烷中进行涡旋处理 30 min，取上清液加入无水硫酸钠脱水，经 0.22 μm 滤膜过滤后，上机测定氯丹含量。

4.1.4　UV/针铁矿/H_2O_2 降解氯丹的条件优化实验

4.1.4.1　pH 值对降解氯丹的影响

配制 1 mg/L 氯丹溶液，Triton X-100 浓度选用 1 CMC，调节溶液 pH 值为 3、

5、7、9、11。实验条件如下：UV 光波长为 365 nm，光强为 90%；搅拌速度为 300 r/min；针铁矿为 0.1 g/L；H_2O_2 为 50 mmol/L；控制反应温度为 28 ℃。分别在 0 h、2 h、4 h、8 h、12 h、24 h 取样，每次取 1 mL，并将其加入 10 mL 正己烷中进行涡旋处理 30 min，取上清液加入无水硫酸钠脱水，经 0.22 μm 滤膜过滤后，上机测定氯丹含量。

4.1.4.2 针铁矿投加量对降解氯丹的影响

配制 1 mg/L 氯丹溶液，Triton X-100 浓度选用 1 CMC，调节溶液 pH 值为 3，称取不同体积的针铁矿于光反应瓶中，使针铁矿浓度依次为 0.02 g/L、0.05 g/L、0.1 g/L、0.5 g/L、1 g/L，然后加入 50 mL 氯丹溶液，再加入一定浓度的 H_2O_2（使其浓度为 50 mmol/L），放入光催化反应仪中进行反应，控制温度为 28 ℃。其余同 4.1.4.1 节。

4.1.4.3 H_2O_2 浓度对降解氯丹的影响

配制 1 mg/L 氯丹溶液，Triton X-100 浓度选用 1 CMC，根据 4.1.4.1 节和 4.1.4.2 节的结果调节溶液 pH 值为 3，称取 0.0050 g 针铁矿（0.1 g/L）于 50 mL 光反应瓶中，然后加入 50 mL 氯丹溶液，再加入不同体积的 H_2O_2，使 H_2O_2 浓度依次为 2 mmol/L、10 mmol/L、20 mmol/L、50 mmol/L、100 mmol/L。其余同 4.1.4.1 节。

4.1.5 测定方法

氯丹测定：利用气相色谱仪对样品进行分析。分析条件：HP-5 型色谱柱（30.0 m × 0.32 mm × 0.25 μm，安捷伦科技有限公司）；进样口温度为 250 ℃，不分流进样，载气为高纯氦气（99.9999%），流速为 1.5 mL/min；色谱柱升温程序为柱温 100 ℃保持 1 min，再以 30 ℃/min 升温至 250 ℃，保持 0.1 min，再以 6 ℃/min 升温至 280 ℃，保持 0.1 min；进样量为 1 μL。

Triton X-100 测定：采用 KI-I_2 分光光度法测定 Triton X-100 浓度。KI-I_2 显色剂配制：称取 1.000 g 碘和 2.000 g 碘化钾，加蒸馏水溶解后，定容至 100 mL，于 4 ℃冰箱中低温避光保存备用。在 10 mL 比色管中加入 10 mL Triton X-100 溶液和 0.25 mL 的 KI-I_2 显色剂，摇匀，静置 120 min。选用 1 cm 比色皿，以试剂空白（去离子水 +0.25 mL 的 KI-I_2）作参比，测定吸光度，测定波长为 500 nm。

4.1.6 数据统计方法及制图

所有数据均采用 Excel 软件进行统计，采用 3 次重复的平均值 ± 标准偏差来表示。采用 Origin 软件绘图。

4.2 UV/针铁矿/H_2O_2 降解氯丹的可行性及条件优化

4.2.1 催化剂表征

4.2.1.1 针铁矿的 XRD 谱图

XRD 分析是判别矿物种类的重要手段。图 4-1 为所得矿物的 XRD 谱图。

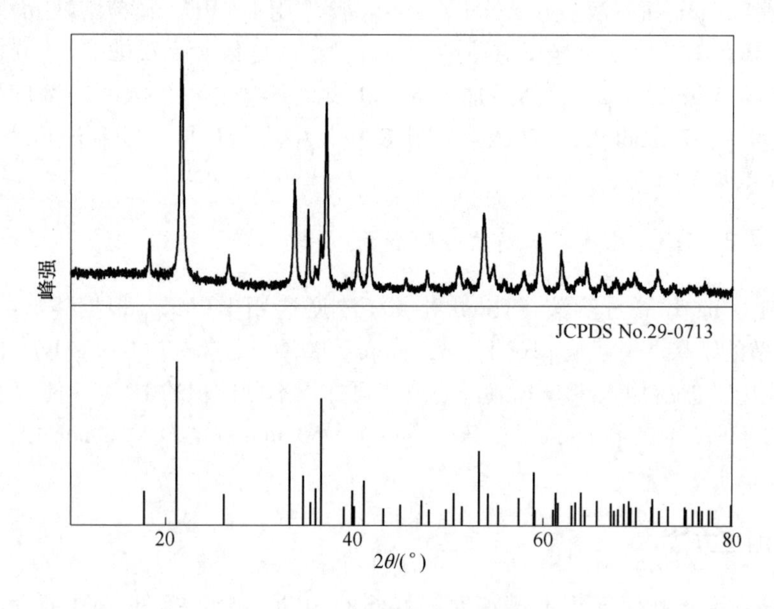

图 4-1 针铁矿的 XRD 谱图

由图可以得知，所得矿物的 X 射线衍射峰与针铁矿的标准谱图衍射峰相对应，其峰对应的晶面指数（*hkl*）分别为(110)，(130)，(111)，(121)，(140)，(221)，(151)；对应的层间距 *d* 值分别为 4.18，2.69，2.45，2.25，2.19，1.71，1.56，此数据也与针铁矿标准谱图相对应，这表明所得矿物为纯针铁矿。另外 XRD 谱线峰型尖锐，说明所得针铁矿晶型较好（付丹丹，2017）。

4.2.1.2 针铁矿的 SEM 分析

SEM 主要用于观察样品以及颗粒间的聚集情况、颗粒大小和表面形态等。根据图 4-2 所示的针铁矿 SEM 图像，经放大 50000 倍和 20000 倍可以清楚地看出针铁矿呈针状，其粒径范围在 0.5～2.5 μm。放大 5000 倍后，可以观察到针铁矿颗粒存在一定程度的聚集现象，而放大 2500 倍后，这种聚集现象更加明显，大部分颗粒呈块状或球状，仅少量保持松散的针状。这与熊娟等（2018）所报道的化学合成针铁矿的外观形态一致，并且粒径大小也与其合成的针铁矿粒径范围（1～2 μm）相近。

图 4-2 针铁矿的 SEM 图

4.2.1.3 针铁矿的比表面积

针铁矿的比表面积采用 BET 法进行测定。BET 吸附方程如式（4-1）所示，比表面积（S_g）计算公式如式（4-2）所示：

$$\frac{p}{V(p_0-p)}=\frac{1}{CV_m}+\frac{C-1}{CV_m}\cdot\frac{p}{p_0} \tag{4-1}$$

$$S_g=4.36V_m \tag{4-2}$$

式中，p 为 N_2 分压，Pa；p_0 为 N_2 的饱和蒸气压，Pa；V 为样品表面的 N_2 吸附量，mL；V_m 为 N_2 单层饱和吸附量，mL；C 为吸附相关常数。

图 4-3(a) 为针铁矿的 N_2 吸附/脱附等温曲线，图 4-3(b) 为 BET 吸附方程的线性拟合结果。

对图中数据分析可得针铁矿的比表面积为 33.11 m^2/g。有研究表明，针铁矿无论是天然存在的还是化学合成的，比表面积均为 8～200 m^2/g（谈波，2012）。本文所得的针铁矿比表面积与研究相符。

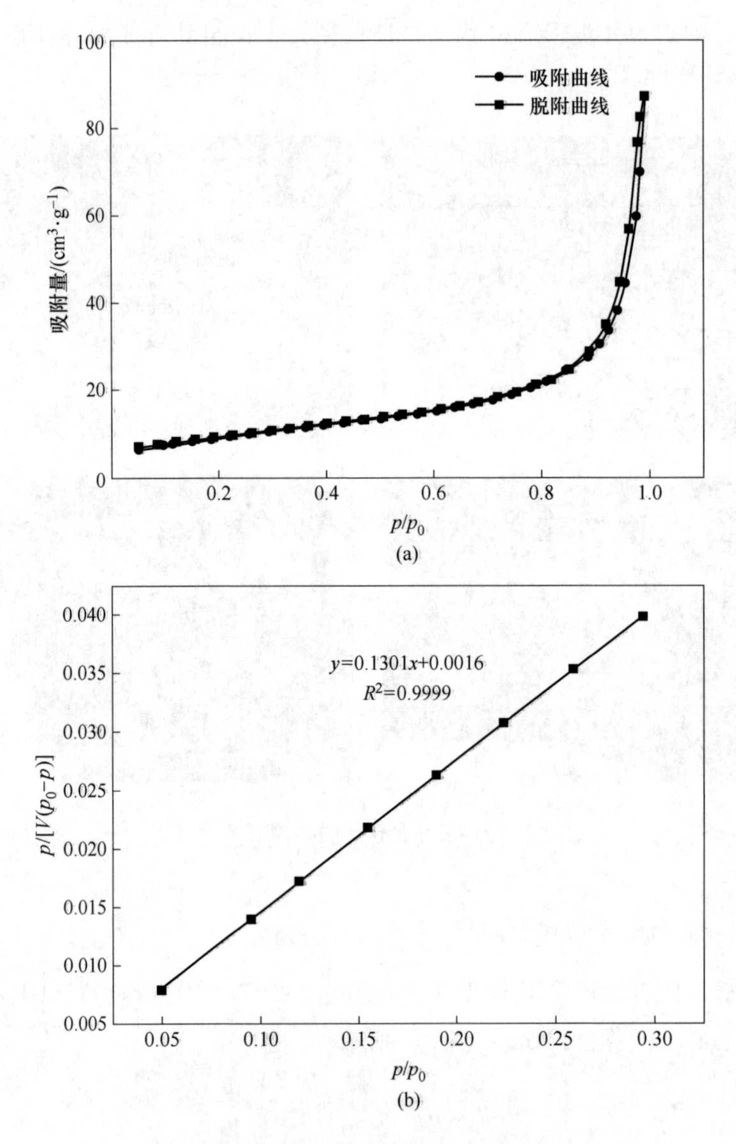

图 4-3　针铁矿的 N_2 吸附/脱附等温曲线和 BET 方程拟合

（a）吸附/脱附等温曲线；（b）BET 方程拟合

4.2.1.4　针铁矿的红外光谱分析

红外光谱是用于鉴别化合物并分析其分子基团的常用方法。图 4-4 为针铁矿的红外光谱图。根据图 4-4 可以观察到以下特征吸收峰：3423.72 cm^{-1}属于针铁矿表面游离的—OH 伸缩振动吸收峰；3134.79 cm^{-1}属于针铁矿结构羟基的伸缩振动吸收峰；1637.15 cm^{-1}为 H—O—H 的变形振动吸收峰；890.28 cm^{-1}、

795.02 cm^{-1}分别属于针铁矿结构羟基的面内振动吸收峰δ(OH)和面外振动吸收峰γ(OH)；640.51 cm^{-1}、452.79 cm^{-1}分别属于针铁矿的 Fe—O、Fe—OH 吸收峰。这些特征分子基团的存在与徐铁群（2013）、王小明（2015）、刘海波等（2013）的研究结果一致。因此，此红外光谱图进一步证实了所得矿物为针铁矿。

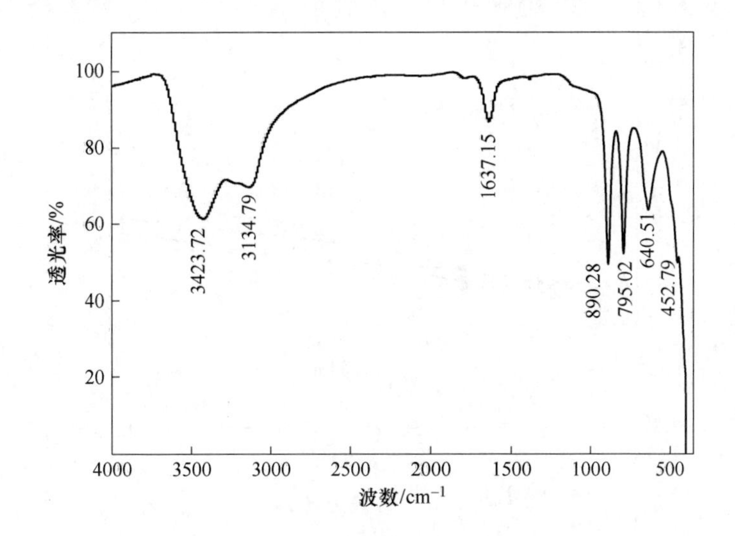

图 4-4 反应前针铁矿的红外光谱图

4.2.2 UV/针铁矿/H_2O_2 降解氯丹的可行性

为了探索针铁矿/H_2O_2 光催化降解氯丹的可行性，本书研究了在有无光照的条件下针铁矿、H_2O_2、针铁矿/H_2O_2 对氯丹的降解效果，结果如图 4-5 所示。

图 4-5(a) 为无光照条件下对照实验、针铁矿、H_2O_2、针铁矿/H_2O_2 对氯丹的降解效果，结果显示：反应 24 h，氯丹降解率均较低，分别为 18.1%、21%、12.9% 以及 24.4%。针铁矿/H_2O_2 组合后，针铁矿中的 Fe^{2+} 可分解 H_2O_2 产生·OH，降解氯丹，因此该组合中氯丹的降解率最高。但针铁矿中大部分铁为 Fe^{3+}，其活化 H_2O_2 的能力较弱，因此产生的·OH 不多，因而氯丹降解率仅有 24.4%。

图 4-5(b) 为 UV 光照条件下对照实验、针铁矿、H_2O_2、针铁矿/H_2O_2 对氯丹的降解效果。反应 24 h，UV 体系中氯丹降解率较低，为 15.8%，说明低能量 UV（3 W）对氯丹的降解速率较慢。UV/针铁矿体系中氯丹降解率也较低，为 13.1%，说明 UV 和针铁矿组合不能产生强氧化的自由基降解氯丹。UV/H_2O_2 体系相比 UV、UV/针铁矿体系氯丹降解率有所提高，可达 40.3%，这是由于 UV 和 H_2O_2 发生反应生成了·OH（反应式如式（4-3）所示），从而使氯丹的降解率增加。UV/针铁矿/H_2O_2 体系中，反应 24 h，氯丹降解率可达 88.57%，比无光

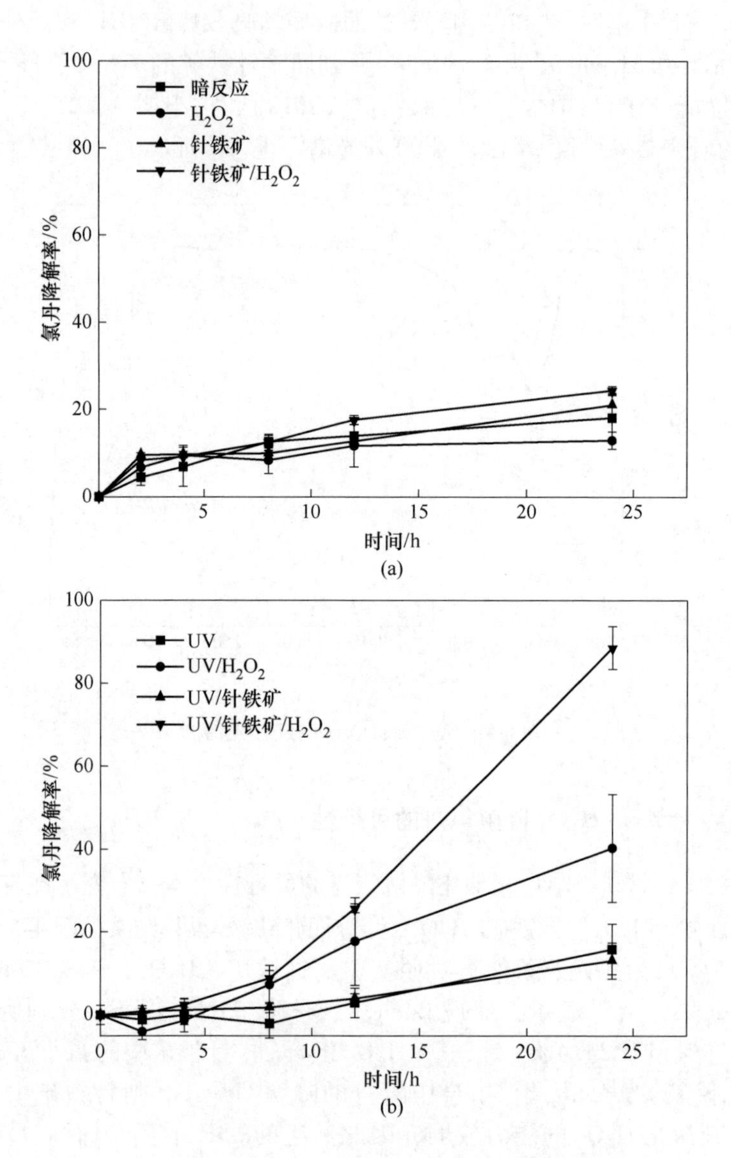

图 4-5　针铁矿、H_2O_2、针铁矿/H_2O_2 对氯丹的降解效果

(a) 暗反应；(b) UV 光

照高了 64.17%，出现这一现象的原因是 UV 光引入后，会提高针铁矿中铁离子之间的转换速率，使 Fe^{3+} 转变为 Fe^{2+}，进一步增加了·OH 的产生效率，提高了 Fenton 反应速率，促进氯丹的降解（陈芳艳 等，2008）。以上结果说明，UV/针铁矿/H_2O_2 在降解氯丹的过程中效果显著。

$$H_2O_2 + h\nu \longrightarrow 2\cdot OH \tag{4-3}$$

4.2.3 pH 值对降解氯丹的影响

合适的 pH 值可使异相光 Fenton 体系对有机物的降解率保持在较高的水平。图 4-6 为溶液初始 pH 值对 UV/针铁矿/H_2O_2 降解氯丹的影响。结果表明：反应 24 h，pH 值为 11 的条件下氯丹几乎没有降解；而 pH 值在 3 ~ 9 范围内氯丹的降解率均在 65% 以上，说明 UV/针铁矿/H_2O_2 降解氯丹的 pH 值适用范围较宽，在 pH 值为 3 的条件下反应 24 h，UV/针铁矿/H_2O_2 对氯丹的降解率最高，可达 88.57%。在异相光 Fenton 反应中，pH 值会对·OH 的生成效率造成直接影响，在碱性条件下，H_2O_2 容易分解成 O_2 和 H_2O，导致·OH 的生成减少，从而降低了氯丹的降解效率。同时碱性条件下会使 Fe^{3+} 与 OH^- 更容易结合生成沉淀，阻碍了反应的进行，进而影响了反应速率（吴广宇 等，2017）。而在酸性条件下，催化剂表面容易质子化，会提高催化剂表面·OH 的产生，同时，酸性条件下针铁矿表面较易溶出铁离子，促进均相 Fenton 反应生成·OH，进而能更快地降解氯丹。因此，本书选择了初始 pH 值为 3 的最佳溶液进行后续研究。

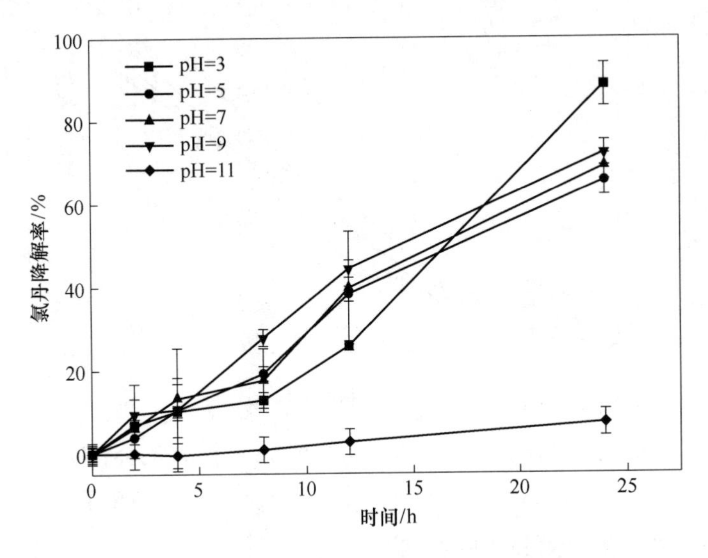

图 4-6 初始 pH 值对 UV/针铁矿/H_2O_2 降解氯丹的影响

4.2.4 针铁矿投加量对降解氯丹的影响

催化剂投加量是影响反应速率的重要因素。投加量过低会导致污染物降解率偏低，而投加过量产生的大量 Fe^{2+} 则会消耗·OH 和·OOH，从而影响反应速率，使得降解率变低，因此，选用合适的针铁矿投加量至关重要。本书选取了 0.02 g/L、0.05 g/L、0.1 g/L、0.5 g/L、1 g/L 的针铁矿进行实验，结果如

图4-7所示。在pH值为3的条件下，针铁矿投加量从0.02 g/L增加到0.1 g/L时，氯丹降解率逐渐增加，依次为72.05%、77.83%、88.57%。然而，当针铁矿投加量为0.5 g/L和1 g/L时，氯丹的降解率没有进一步提高，反而下降至66.76%和67.15%。这是因为针铁矿表面存在着大量可供污染物吸附和与 H_2O_2 反应产生·OH的活性位点。因此，催化剂针铁矿投加量增加时，反应速率也随之增加，从而提高了氯丹的降解效果。但针铁矿投加过量，会导致 H_2O_2 迅速分解，使得体系中剩余 H_2O_2 过少，不足以支持反应继续进行，同时，过量的 Fe^{2+} 也会与·OH反应，导致体系中·OH含量进一步降低，从而使污染物降解率下降（朱佳裔 等，2012；应锦丽，2016）。此外，过量的针铁矿会影响紫外光的透光率，降低紫外光照对反应的促进作用，导致氯丹降解率下降（肖纯，2018）。因此，本书选择了最佳的针铁矿投加量为0.1 g/L，以达到最佳的氯丹降解效果。

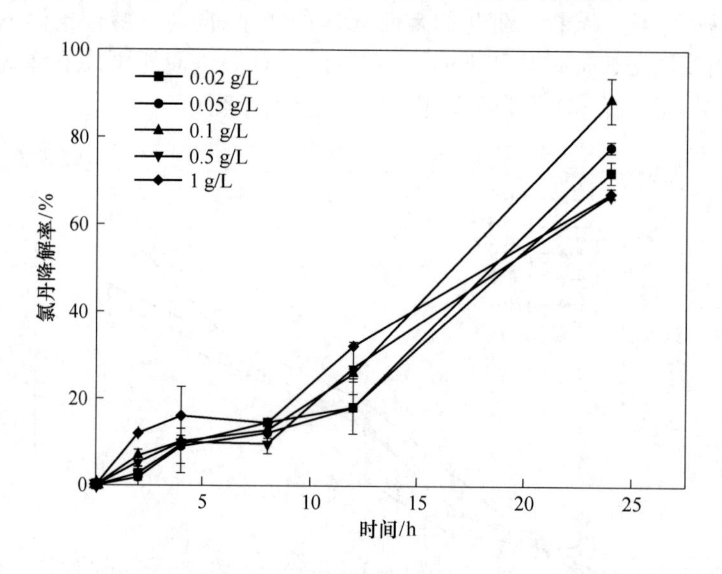

图4-7　针铁矿投加量对UV/针铁矿/H_2O_2 降解氯丹的影响

4.2.5　H_2O_2 浓度对降解氯丹的影响

在异相光Fenton反应中，·OH主要是由 H_2O_2 产生，因而 H_2O_2 浓度会直接影响·OH的生成速率，进而影响氯丹的降解效率。本书选取 H_2O_2 浓度为2 mmol/L、10 mmol/L、20 mmol/L、50 mmol/L、100 mmol/L进行实验，结果如图4-8所示。由图4-8可以看出，体系中 H_2O_2 由2 mmol/L增加至50 mmol/L时，氯丹降解率显著增加，由8.56%提高至88.57%。然而，当 H_2O_2 浓度达到50 mmol/L和100 mmol/L时，氯丹的降解率基本相同。这是因为，当体系中的 H_2O_2 浓度不足时，随着 H_2O_2 浓度逐渐升高，体系中被催化生成的·OH逐渐变多，·OH的增多导致反应逐渐变快，氯丹的降解率越来越高；但当体系中的 H_2O_2 达到一定水平并逐渐过量时，过量的 H_2O_2 反而会与·OH 反应，从而使污染物降解率下降，过程如反应式（4-4）和式（4-5）所示（Kang et al.，2005）。因此，同时考虑成本及降解率，选用最合适的 H_2O_2 浓度为 50 mmol/L。

$$H_2O_2 + \cdot OH \longrightarrow H_2O + \cdot OOH \tag{4-4}$$

$$\cdot OOH + \cdot OH \longrightarrow H_2O + O_2 \tag{4-5}$$

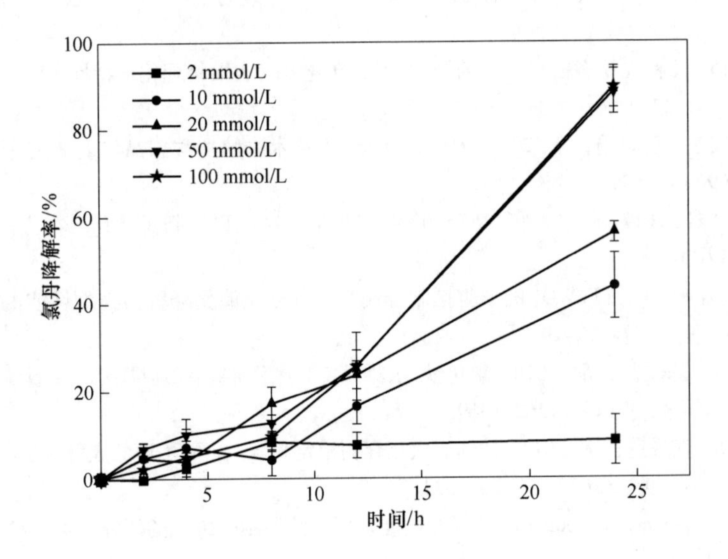

图 4-8 H_2O_2 浓度对 UV/针铁矿/H_2O_2 降解氯丹的影响

4.3 本 章 小 结

（1）化学合成的针铁矿呈针状，团聚现象明显，粒径范围为 0.5 ~ 2.5 μm，比表面积为 33.11 m^2/g，基团包括 Fe—O、Fe—OH、δ(OH)、γ(OH) 等针铁矿特征基团及游离的—OH 和 H—O—H 等。

（2）UV/针铁矿/H_2O_2 可有效降解 Triton X-100 溶液中的氯丹。当氯丹浓度为 1 mg/L，Triton X-100 浓度为 1 CMC，反应温度为 28 ℃，pH 值为 3，针铁矿投加量为 0.1 g/L，H_2O_2 浓度为 50 mmol/L 时，反应 24 h，氯丹的降解率可达 88.57%。

参 考 文 献

安琼，董元华，王辉，等，2005. 南京地区土壤中有机氯农药残留及其分布特征［J］. 环境科学学报，25(4)：470-474.

陈芳艳，倪建玲，唐玉斌，2008. 非均相 UV/Fenton 氧化法降解水中六氯苯的研究［J］. 环境工程学报，2(6)：765-770.

付丹丹，2017. 腐殖酸对 α-羟基氧化铁、γ-羟基氧化铁吸附砷的影响研究［D］. 上海：华东师范大学：16-17.

刘海波，2013. 热处理铝代针铁矿的结构演化及其表面反应性［D］. 合肥：合肥工业大学：38-49.

谈波，2012. 针铁矿、赤铁矿对铅的吸附及其 CD-MUSIC 模型拟合［D］. 武汉：华中农业大学：26-27.

王小明，2015. 几种亚稳态铁氧化物的结构、形成转化及其表面物理化学特性［D］. 武汉：华中农业大学：41-42.

吴广宇，罗安杰，袁向娟，等，2017. UV/Fenton-Fe^0 技术降解盐酸副品红的研究［J］. 工业水处理，37(9)：87-91.

武丽辉，张文君，2017.《斯德哥尔摩公约》受控化学品家族再添新丁［J］. 农药科学与管理，38(10)：17-20.

肖纯，2018. α-Fe_2O_3 和 $FeWO_4$ 的形貌控制合成及其可见光催化降解污染物性能的研究［D］. 武汉：武汉理工大学：27-29.

熊娟，杨成峰，陈鑫蕊，等，2018. 氧化铁/水界面 Cd 吸附研究：CD-MUSIC 模型模拟［J］. 农业环境科学学报，37(7)：1362-1369.

徐铁群，杨明，何成达，等，2013. 铁的氢氧化合物稳定相 α，β-FeOOH 的表征及光谱分析［J］. 光谱学与光谱分析，33(12)：3330-3333.

应锦丽，2016. Fenton/类 Fenton 体系深度处理含环丙沙星制药废水的研究［D］. 杭州：浙江工业大学：6-8.

朱佳裔，沈吉敏，陈忠林，等，2012. FeOOH/H_2O_2 体系去除水中对氯硝基苯［J］. 化工学报，63(1)：272-278.

HOU X J, HUANG X P, JIA F L, et al., 2017. Hydroxylamine promoted goethite surface fenton degradation of organic pollutants [J]. Environmental Science & Technology, 51(9): 5118-5126.

KANG N, HUA I, 2005. Enhanced chemical oxidation of aromatic hydrocarbons in the soil systems [J]. Chemosphere, 61(7): 909-922.

XIAN T, DI L J, SUN X F, et al., 2019. Photo-Fenton degradation of AO_7 and photocatalytic reduction of Cr(Ⅵ) over CQD-decorated $BiFeO_3$ nanoparticles under visible and NIR light irradiation [J]. Nanoscale Research Letters, 14(36): 807-816.

5　针铁矿对氯丹的吸附动力学和等温吸附研究

铁氧化物在环境治理中展现出良好的吸附性能，其中施氏矿物(schwertmannite)和水铁矿因其较大的比表面积而具有优异的吸附能力，对有机污染物和重金属有着显著的去除效果（李浙英 等，2013；周超，2013）。针铁矿作为一种常见的铁氧化物，在环境中广泛存在。它通常是由含铁矿物在水和氧气的作用下氧化分解形成的次生矿物，具有较大的比表面积和较高的反应活性，因此对许多污染物都具有良好的吸附性能。例如，任天昊等（2015）的研究表明，针铁矿对Cr(Ⅵ)的吸附在30 min后达到平衡，而pH值是影响其吸附效果的重要因素，在pH值为3~9的范围内，针铁矿对Cr(Ⅵ)的吸附量随pH值的升高而逐渐减少。类似地，谢发之等（2016）的研究发现，焦磷酸根在针铁矿表面会快速吸附，吸附过程在1 h后达到平衡，同时针铁矿对焦磷酸根的吸附也受pH值的显著影响，pH值越高，针铁矿对焦磷酸根的吸附量越小。

基于以上研究背景，本章旨在探究针铁矿对氯丹的吸附作用，并研究其吸附动力学和等温吸附特性。此外，还将进一步考察Triton X-100的浓度和pH值对针铁矿吸附氯丹的影响，以期更深入地了解针铁矿对氯丹的吸附规律。

5.1　针铁矿吸附氯丹的实验材料与方法

5.1.1　针铁矿吸附氯丹的实验材料

详见4.1.1节。

5.1.2　针铁矿对氯丹的吸附动力学及等温吸附实验

5.1.2.1　吸附动力学

吸附实验采用振荡吸附法。配制0.1 g/L的针铁矿悬浊液，并将pH值调节至3。在30 mL的玻璃管中加入10 mL的0.1 g/L的针铁矿溶液，加入0.04 mL的250 mg/L的氯丹储备液，使体系内的氯丹浓度为1 mg/L。将玻璃管放入180 r/min、28 ℃的摇床中振荡。在0 min、0.5 min、1 min、2 min、4 min、

6 min、8 min、10 min、20 min、40 min、60 min、120 min、240 min 时取样。取样后在 3000 r/min 条件下离心 10 min，离心后取上清液 5 mL。再加入 5 mL 正己烷，涡旋 10 min，重复 3 次。将上清液全部转移至锥形瓶内，旋转蒸发。蒸干后在上清液中加入 1 mL 正己烷定容，再加入少量无水硫酸钠脱水。经 0.22 μm 滤膜过滤后，上机测定氯丹含量。

5.1.2.2　等温吸附研究

配制 0.1 g/L 的针铁矿悬浊液，并将 pH 值调节至 3。在 30 mL 的玻璃管中加入 10 mL 的 0.1 g/L 的针铁矿溶液。分别加入一定量的氯丹储备液，使体系中氯丹浓度依次为 0.05 mg/L、0.1 mg/L、0.2 mg/L、0.5 mg/L、0.8 mg/L、1 mg/L、2 mg/L、3 mg/L、4 mg/L、5 mg/L、6 mg/L。将体系放入 180 r/min、28 ℃的摇床中振荡。在 0 h 和 4 h 时分别取样。取样后在 3000 r/min 条件下离心 10 min，离心后取上清液 5 mL。再加入 5 mL 正己烷，涡旋 10 min，重复 3 次。将上清液全部转移至锥形瓶内，旋转蒸发。蒸干后在上清液中加入 1 mL 正己烷定容，再加入少量无水硫酸钠脱水。经 0.22 μm 滤膜过滤后，上机测定氯丹含量。

5.1.3　Triton X-100 浓度及 pH 值对针铁矿吸附氯丹的影响

5.1.3.1　Triton X-100 浓度对针铁矿吸附氯丹的影响

配制不同浓度的 Triton X-100 溶液，浓度分别为 0.05 CMC、0.1 CMC、0.2 CMC、0.5 CMC、1 CMC、3 CMC。取一定量的氯丹贮备液，待丙酮挥发干后，加入不同浓度的 Triton X-100 溶液，使体系内氯丹浓度为 1 mg/L，搅拌 1 h 使氯丹溶解，调节溶液 pH 值为 3。称取一定量的针铁矿再加入 Triton X-100 浓度不同的氯丹溶液，使体系针铁矿浓度为 0.1 g/L，超声 5 min，使针铁矿分散。在 30 mL 玻璃管中加入 10 mL 上述悬浊液，将体系放入 180 r/min、28 ℃的摇床中振荡。分别在 0 h、2 h 取样。取样后在 3000 r/min 条件下离心 10 min，取上清液 1 mL，加入 10 mL 正己烷，涡旋 30 min，取上清液加入无水硫酸钠脱水，经 0.22 μm 滤膜过滤后，上机测定氯丹含量。

同时检测针铁矿对不同浓度 Triton X-100 的吸附作用，实验过程如下：配制不同浓度的 Triton X-100 溶液，浓度分别为 0.05 CMC、0.1 CMC、0.2 CMC、0.5 CMC、1 CMC、3 CMC，调节 Triton X-100 溶液的 pH 值为 3。称取一定量针铁矿再加入不同浓度的 Triton X-100 溶液，使体系内针铁矿浓度为 0.1 g/L。在 30 mL 玻璃管中加入 10 mL 上述溶液，将体系放入 180 r/min、28 ℃的摇床中振荡，分别在 0 h、1 h、2 h、3 h、4 h、5 h 取样。取样后在 3000 r/min 条件下离心 10 min，取上清液稀释至标线范围后进行 Triton X-100 浓度检测。

5.1.3.2 pH 值对针铁矿吸附氯丹的影响

配制 0.1 g/L 的针铁矿溶液，并分别调节 pH 值为 3、5、7、9、11。在 30 mL 的玻璃管中加入 10 mL 不同 pH 值的针铁矿溶液。加入 0.04 mL 250 mg/L 的氯丹储备液，使体系内氯丹浓度为 1 mg/L。将玻璃瓶放入 180 r/min、28 ℃的摇床中振荡。在 0 h 和 2 h 时分别取样。在 3000 r/min 条件下离心 10 min，取上清液 1 mL。在上清液中加入 10 mL 正己烷，涡旋 30 min，加入少量无水硫酸钠脱水。经 0.22 μm 滤膜过滤后，上机检测氯丹含量。

5.1.4 计算方法

5.1.4.1 氯丹吸附量计算方法

氯丹吸附量的计算公式如下所示：

$$q_e = V_0(c_0 - c_e)/M_s \tag{5-1}$$

式中，q_e 为达到吸附平衡时氯丹的吸附量，mg/g；V_0 为加入氯丹的体积，L；c_0 为溶液中氯丹的初始浓度，mg/L；c_e 为吸附后溶液中氯丹的浓度，mg/L；M_s 为投加针铁矿的量，g。

5.1.4.2 吸附动力学模型

目前常见的吸附动力学模型主要有以下三种：拟一级动力学、拟二级动力学和耶洛维奇模型。三种模型的表达式分别为式（5-2）、式（5-3）和式（5-4）。

$$\ln(q_e - q_t) = \ln q_e - K_{1t} \tag{5-2}$$

$$t/q_t = 1/(K_2 q_e^2) + (1/q_e)t \tag{5-3}$$

$$q_t = (1/b)\ln(ab) + (1/b)\ln t \tag{5-4}$$

式中，K 为拟一级动力学方程和拟二级动力学方程的系数；q_t 为 t 时刻的吸附量，mg/g；q_e 为达到平衡时的吸附量，mg/g；a 和 b 均为耶洛维奇方程的系数。

5.1.4.3 等温吸附模型

等温吸附模型主要有以下两种：Langmuir 方程和 Freundlich 方程。两种模型表达式分别为式（5-5）和式（5-6）。

$$\frac{1}{q_e} = \frac{1}{q_{max}} + \frac{1}{q_{max}Kc_e} \tag{5-5}$$

$$\lg q_e = \lg K + \frac{1}{n}\lg c_e \tag{5-6}$$

式中，q_e 为平衡后针铁矿对氯丹的吸附量，mg/g；q_{max} 为最大吸附量，mg/g；K 为吸附速率常数；c_e 为平衡后氯丹的浓度，mg/L；n 为特征常数。

5.1.5　测定方法

氯丹和 Triton X-100 的测定方法见 4.1.5 节。

5.1.6　数据统计方法及制图

所有数据均采用 Excel 软件进行统计，采用 3 次重复的平均值 ± 标准偏差来表示。采用 Origin 软件绘图。

5.2　针铁矿对氯丹的吸附动力学和等温吸附

5.2.1　针铁矿对氯丹的吸附动力学

图 5-1 显示了针铁矿对氯丹的吸附量随时间的变化曲线。从图 5-1 可以观察到，针铁矿对氯丹表现出明显的吸附作用。在 0 ~ 10 min 内，针铁矿快速将氯丹吸附至其表面。随着时间的推移，吸附速率逐渐减慢，在经过 10 min 后，针铁矿对氯丹的吸附量趋于不变，达到吸附平衡。在达到平衡时，针铁矿对氯丹的最大吸附量为 0.65 mg/g。这种现象的推测是，在 0 ~ 10 min 内，针铁矿表面的大部分活性位点已经被氯丹占据，导致快速吸附。但随着时间的推移，针铁矿表面可继续吸附污染物的活性位点逐渐减少，导致吸附效果逐渐减弱，最终趋于平衡。

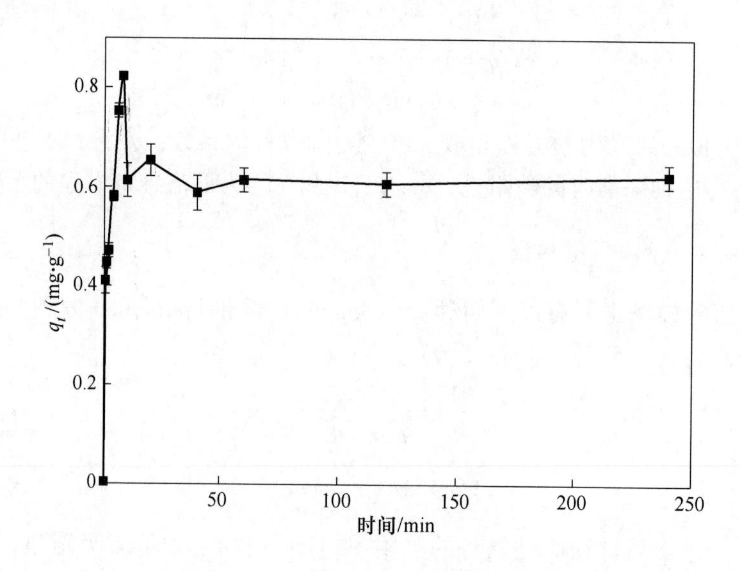

图 5-1　针铁矿对氯丹的吸附动力学曲线

5.2.2　针铁矿对氯丹的吸附动力学模型拟合

吸附动力学模型主要表达氯丹在针铁矿表面的吸附过程，目前常见的吸附动力学模型主要有拟一级动力学模型、拟二级动力学模型和耶洛维奇模型。图 5-2 为针铁矿对氯丹吸附过程的拟一级动力学拟合曲线，图 5-3 为针铁矿对氯丹吸附过程的拟二级动力学拟合曲线，图 5-4 为针铁矿对氯丹吸附过程的耶洛维奇拟合曲线。通过图 5-2、图 5-3 和图 5-4 的比较，可以看出：拟一级动力学模型和耶洛维奇模型的拟合效果不佳，这意味着这两个模型无法准确描述针铁矿对氯丹的吸附行为。相反，拟二级动力学模型展现了与实验数据高度一致的良好线性关系，拟合方程为 $y=1.6129x+0.1959$，其 R^2 值达到了 0.9996，这表明拟二级动力学模型能够很好地反映针铁矿对氯丹吸附的动力学过程，表面吸附过程的速率控制步骤为化学吸附，涉及吸附剂和吸附质之间的价键形成。通过计算得出，拟二级动力学模型的速率常数为 $K_2=13.27$，这反映了吸附速率较快，说明针铁矿对氯丹有很强的吸附能力，平衡吸附量为 $q_e=0.62$ mg/g。

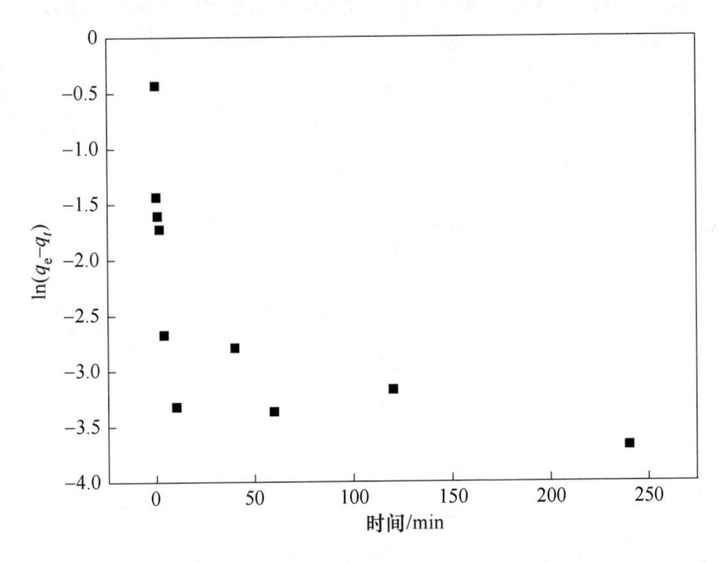

图 5-2　拟一级动力学方程拟合针铁矿对氯丹的吸附动力学曲线

5.2.3　针铁矿对氯丹的等温吸附研究

等温吸附用来描述等温条件下，目标污染物在固体物质表面的吸附量与目标污染物在体系中平衡浓度的关系。图 5-5 展示了在 28 ℃下针铁矿对氯丹的等温吸附曲线。根据图中的观察：随着体系中氯丹初始浓度的增加，氯丹的吸附平衡浓度也逐渐增加。这表明在一定范围内，氯丹在固体物质表面的吸附量与其在溶

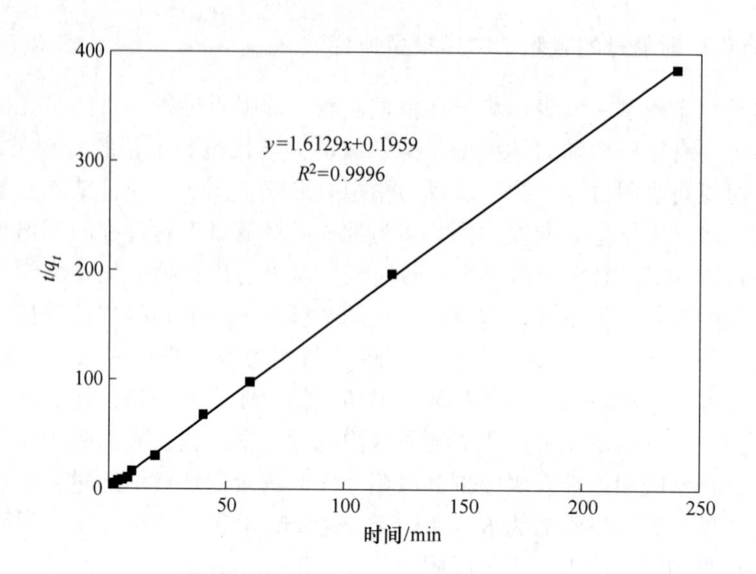

图 5-3　拟二级动力学方程拟合针铁矿对氯丹的吸附动力学曲线

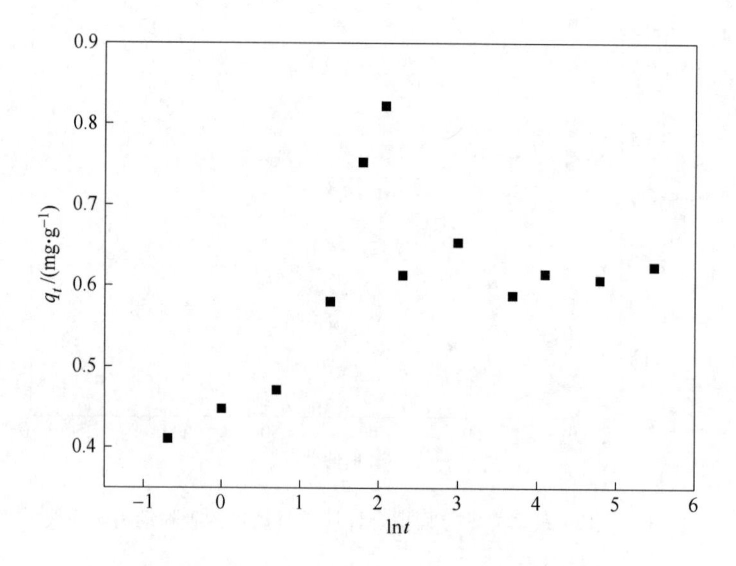

图 5-4　耶洛维奇方程拟合针铁矿对氯丹的吸附动力学曲线

液中的浓度之间存在正相关关系。当氯丹的初始浓度小于 4 mg/L 时，吸附速率的增大反映了吸附位点的充足和吸附过程的高效性。这一阶段，吸附过程可能主要由吸附剂表面的活性位点数量和可访问性控制。随着氯丹在针铁矿表面的吸附量增加，可用的吸附位点逐渐减少，导致吸附速率增长放缓。当氯丹初始浓度增加到超过 4 mg/L 时，能够观察到吸附速率的减缓并最终趋于平稳，这表明了吸附位点接近或达到饱和。在这一阶段，即使氯丹的浓度继续增加，由于缺乏足够的可用吸附位点，吸附量不再显著增加，最终达到最大吸附量 3.54 mg/g。

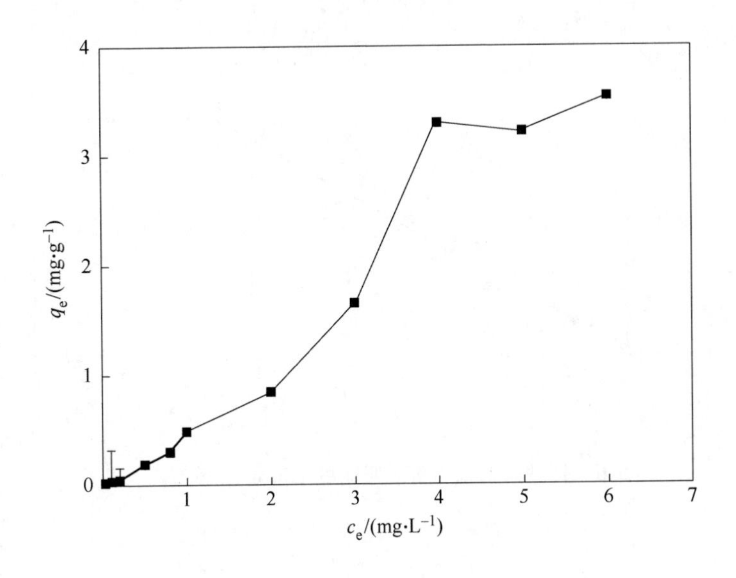

图 5-5　针铁矿对氯丹的等温吸附曲线

5.2.4　针铁矿对氯丹的等温吸附模型拟合

将针铁矿对氯丹的等温吸附数据与 Langmuir 模型和 Freundlich 模型分别进行拟合，结果如图 5-6 和图 5-7 所示，图 5-6 为针铁矿对氯丹等温吸附的 Langmuir 模型拟合曲线，图 5-7 为针铁矿对氯丹等温吸附的 Freundlich 模型拟合曲线。由图 5-6 和图 5-7 可知，经过拟合后，Langmuir 模型的拟合方程为 $y=0.1518x+0.0538$，$R^2=0.9249$，Freundlich 模型的拟合方程为 $y=0.8563x+0.6652$，$R^2=0.9688$，Langmuir 模型和 Freundlich 模型的线性拟合均较好，相关系数 R^2 均大于 0.9。两个模型的良好拟合度表明针铁矿对氯丹的吸附过程具有一定的复杂性，既包含单层吸附也涉及多层吸附过程，这种现象可能因针铁矿表面吸附位点的多样性和复杂性而发生。经计算，Langmuir 模型中参数 $q_{max}=18.59$ mg/g，$K=0.35$ L/mg，Freundlich 模型中参数 $K=4.63$ L/mg，$1/n=0.8563$，$n=1.17$。速率常数 K 值可以反映吸附能力的大小，K 值越大，吸附性能越好，吸附速率越快，n 值反映的是吸附强度的大小，n 值越大，吸附越容易（赵艳锋 等，2017）。此结果与邵兴华等（2006）的研究相比，针铁矿对氯丹吸附的 K 值大于针铁矿对磷的吸附的 K 值。

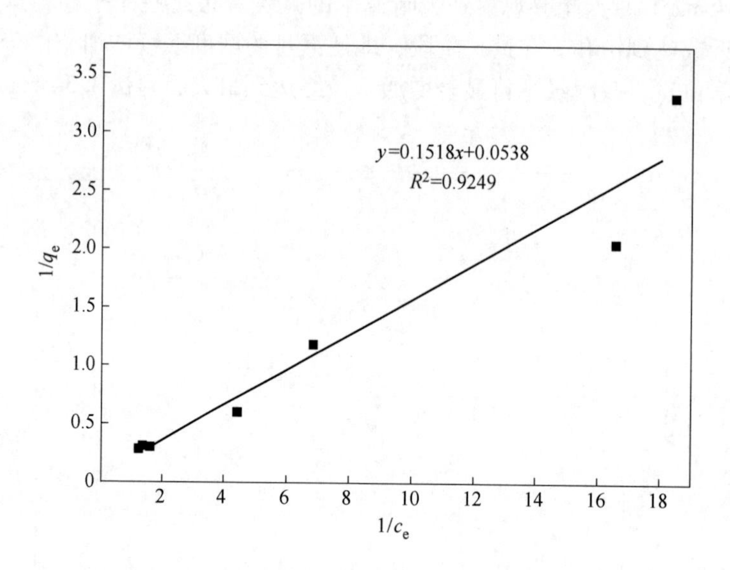

图 5-6 针铁矿对氯丹等温吸附的 Langmuir 模型拟合曲线

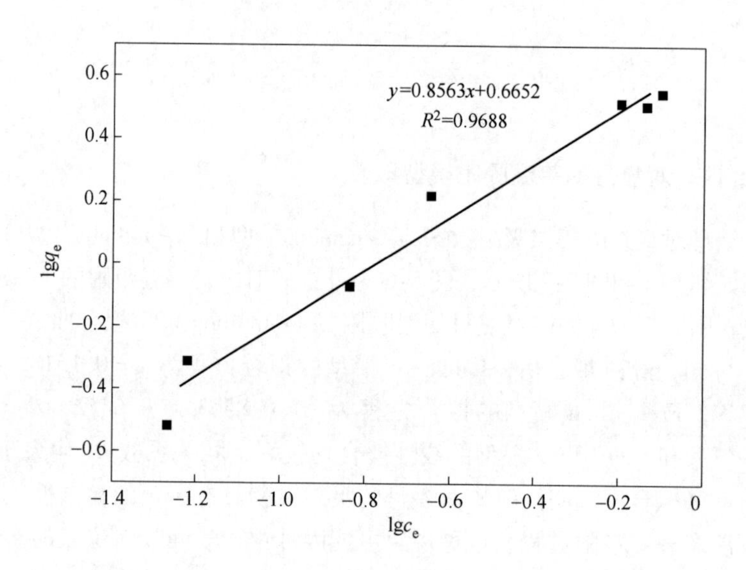

图 5-7 针铁矿对氯丹等温吸附的 Freundlich 模型拟合曲线

5.2.5 Triton X-100 浓度对针铁矿吸附氯丹的影响

图 5-8 为不同浓度的 Triton X-100 对针铁矿吸附氯丹的影响。由图 5-8 可以看出，针铁矿对氯丹的吸附量随 Triton X-100 浓度的增加呈现先增大后减小的

趋势，随着 Triton X-100 的浓度从 0.05 CMC 增加至 0.5 CMC，针铁矿对氯丹的吸附量逐渐增加，直至达到最大值（4.73 mg/g），这表明 Triton X-100 在一定范围内可以增强针铁矿对氯丹的吸附能力。Triton X-100 浓度继续增加至 1 CMC 和 3 CMC 时，针铁矿对氯丹的吸附量逐渐减小，这可能是由于 Triton X-100 浓度过高导致了竞争吸附或者表面活性剂的存在影响了氯丹分子与针铁矿表面的接触。

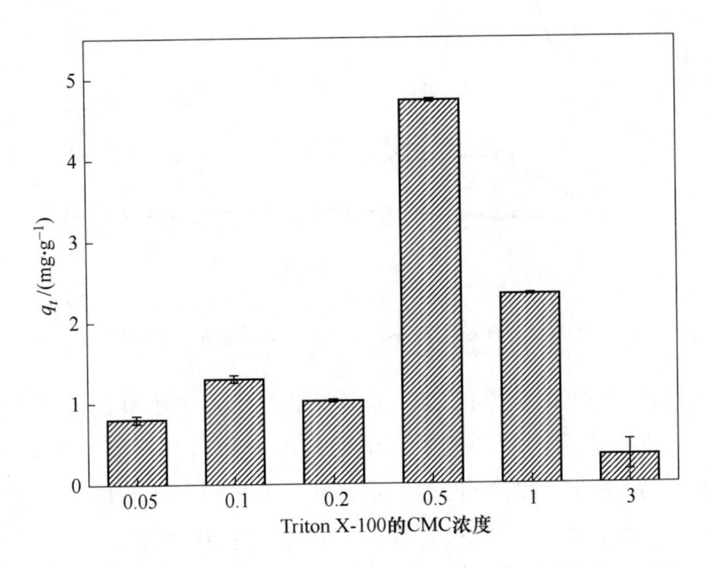

图 5-8 不同 CMC 浓度的 Triton X-100 对针铁矿吸附氯丹的影响

为了更深入地了解 Triton X-100 的浓度对针铁矿吸附氯丹的影响机制，本书探究了针铁矿对不同浓度 Triton X-100 的吸附，结果如图 5-9 所示。由图 5-9 可以看出，针铁矿对 Triton X-100 的吸附较为快速，在 1 h 后趋于平衡。Triton X-100 浓度为 0.05 CMC 时，由于 Triton X-100 浓度较低，针铁矿对 Triton X-100 的吸附量也较低；Triton X-100 浓度由 0.05 CMC 增加至 0.5 CMC 的过程中，针铁矿对 Triton X-100 的吸附量逐渐变大；Triton X-100 浓度继续增加至 1 CMC 和 3 CMC，针铁矿对其的吸附量逐渐变小。这一结果与不同浓度 Triton X-100 对针铁矿吸附氯丹的影响（图 5-8）趋势相同。

上述现象的原因可能是：Triton X-100 作为一种非离子表面活性剂，在低于 CMC 时其以单分子形式存在，易于吸附在针铁矿表面，不仅直接提供更多的吸附位点，还可能以通过降低表面张力的方式，增强针铁矿对氯丹等污染物的吸附能力。当 Triton X-100 浓度逐渐增加时，针铁矿对 Triton X-100 的吸附量也增加，从而提供了更多的活性位点，导致针铁矿对氯丹的吸附量增加。在

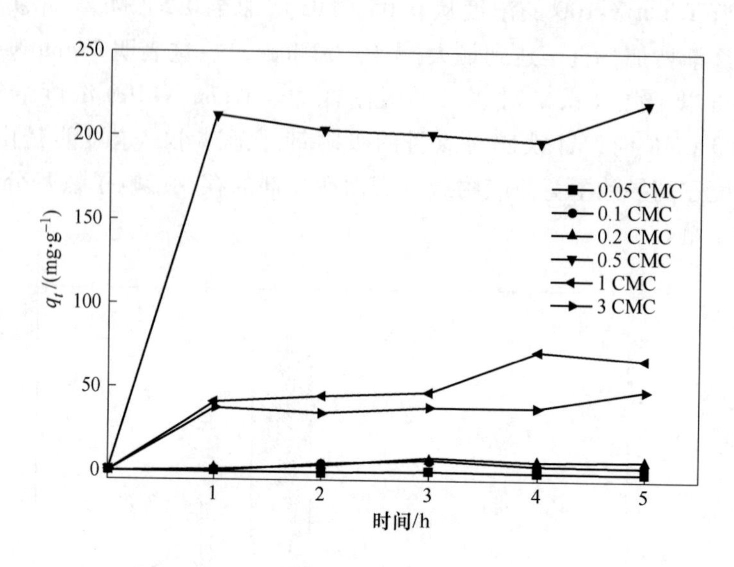

图 5-9　针铁矿对不同浓度 Triton X-100 的吸附

Triton X-100 浓度达到 0.5 CMC 时，针铁矿对 Triton X-100 的吸附量达到峰值。这一阶段，针铁矿表面可能形成了一层均匀的表面活性剂膜，最大限度地增加了可用于氯丹吸附的活性位点。然而，当 Triton X-100 浓度接近或超过 CMC 时，溶液中开始形成胶束。胶束不易被吸附在针铁矿表面，同时胶束的形成还可能导致溶液中的氯丹分子被胶束包裹，减少了氯丹与针铁矿表面直接接触的机会，进而降低了吸附量。随着 Triton X-100 浓度的进一步增加，胶束和氯丹分子共同争夺有限的吸附位点，导致针铁矿对氯丹的吸附量下降。这一结果也与 Liu 等（2011）的研究结果相符，表明 Triton X-100 浓度对针铁矿吸附氯丹的影响可以归因于 Triton X-100 的吸附行为以及其在溶液中形成胶束后对吸附过程的影响。

5.2.6　pH 值对针铁矿吸附氯丹的影响

pH 值是影响矿物吸附污染物的重要因素。图 5-10 为 pH 值对针铁矿吸附氯丹的影响。由图可以看出，pH 值对针铁矿吸附氯丹有显著影响，其中在 pH = 3 的条件下针铁矿对氯丹的吸附作用最大，吸附量为 1.51 mg/g。在酸性条件下，针铁矿表面的羟基会带有正电荷，而有机污染物表面的功能团则发生解离，增加负电荷，从而增强了两者的静电吸引力，导致针铁矿对污染物的吸附量增加（王江涛 等，2000）。此外，在较高的 pH 值条件下，羟基会竞争针铁矿表面的活性位点，导致针铁矿对污染物吸附量减少（钟礼春，2015）。

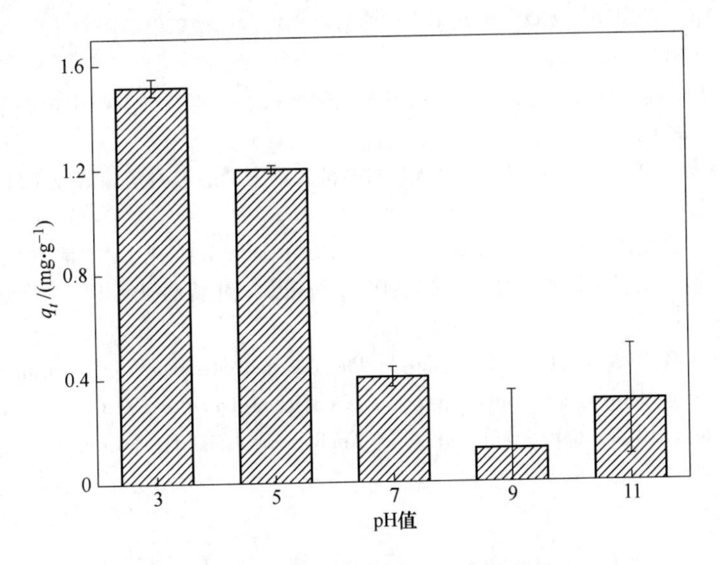

图 5-10 pH 值对针铁矿吸附氯丹的影响

5.3 本章小结

（1）针铁矿对氯丹的吸附能力较好，其吸附动力学与拟二级动力学模型的拟合度较好，拟合方程为 $y=1.6129x+0.1959$，$R^2=0.9996$；等温吸附同时符合 Langmuir 模型与 Freundlich 模型，Langmuir 模型拟合方程为 $y=0.1518x+0.0538$，$R^2=0.9249$，Freundlich 模型拟合方程为 $y=0.8563x+0.6652$，$R^2=0.9688$。

（2）Triton X-100 的浓度是影响针铁矿吸附氯丹的重要因素之一。随着 Triton X-100 浓度的升高，针铁矿对氯丹的吸附量呈先增大后减小的趋势，当 Triton X-100 浓度为0.5 CMC 时，针铁矿对氯丹的吸附量最大，达到4.73 mg/g。此外，pH 值也是影响针铁矿吸附氯丹的重要因素之一。随着 pH 值的升高，针铁矿对氯丹的吸附量变小。在 pH 值为 3～11 的范围内，针铁矿对氯丹的最大吸附量为 1.51 mg/g。

参考文献

李浙英，梁剑茹，柏双友，等，2011. 生物成因与化学成因施氏矿物的合成、表征及其对 As(Ⅲ)的吸附［J］. 环境科学学报，31(3)：460-467.

任天昊，杨琦，李群，等，2015. 针铁矿对废水中 Cr(Ⅵ)的吸附［J］. 环境科学与技术，38(S2)：72-77，119.

邵兴华，章永松，林咸永，等，2006. 三种铁氧化物的磷吸附解吸特性以及与磷吸附饱和度的关系［J］. 植物营养与肥料学报，12(2)：2208-2212.

王江涛，赵卫红，张正斌，2000. 海水中天然溶解有机物在针铁矿上的吸附［J］. 海洋与湖沼，31(3)：309-314.

谢发之，圣丹丹，胡婷婷，等，2016. 针铁矿对焦磷酸根的吸附特征及吸附机制［J］. 应用化学，33(3)：343-349.

赵艳锋，俞嘉瑞，汪静柔，等，2017. 针铁矿对模拟废水中磷的吸附实验研究［J］. 应用化工，46(11)：2116-2118，2122.

钟礼春，2015. 针铁矿对钒的吸附及钒的赋存形态模拟研究［D］. 成都：成都理工大学：36-38.

周超，2013. 两种铁氧化物矿物对As(Ⅲ)的吸附-解吸及氧化特性研究［D］. 合肥：安徽农业大学：7-8.

LIU J W, HAN R, WANG H T, et al., 2011. Photoassisted degradation of pentachlorophenol in a simulated soil washing system containing nonionic surfactant Triton X-100 with La-B codoped TiO_2 under visible and solar light irradiation [J]. Applied Catalysis B: Environmental, 103(3/4): 470-478.

6　UV/针铁矿/H_2O_2 降解氯丹的机理研究

近年来，异相光 Fenton 技术作为一种新兴的高级氧化技术，在处理难降解有机污染物方面逐渐受到重视。利用针铁矿、水铁矿、磁铁矿等含铁矿物作为固相催化剂的方法也逐渐引起了更多研究者的关注。然而，目前关于异相光 Fenton 法降解有机污染物的研究大多集中在降解合成染料污染物方面，对于 OCPs 的降解报道较少，尤其是关于 OCPs 的降解机理和产物的研究更是罕见。已有的研究表明，异相光 Fenton 技术的机理包括表面催化机理、高价铁氧化机理和溶出铁离子机理，其中表面催化机理得到了广泛认可。王维明等（2013）的研究表明，在异相光 Fenton 法降解 4-氯酚的过程中，催化剂表面的 Fe^{3+} 在紫外光条件下被还原成 Fe^{2+}，与 H_2O_2 反应生成更多的·OH，反应方程式如下：

$$Fe^{3+} + h\nu \longrightarrow Fe^{2+} \tag{6-1}$$

$$Fe^{2+} + H_2O_2 \longrightarrow Fe^{3+} + \cdot OH + OH^- \tag{6-2}$$

陈梦蝶（2018）以罗丹明 B 为目标污染物进行了异相光 Fenton 体系中 FeOCl 的催化活化机制研究。结果表明：光能促进催化剂表面的 Fe^{3+} 与 Fe^{2+} 的转换，同时催化剂表面的 Fe^{2+} 还可以将 O_2 还原成 $\cdot O_2^-$，反应式如式（6-3）所示，但 $\cdot O_2^-$ 含量较低，不易被检测出来。

$$Fe^{2+} + O_2 \longrightarrow Fe^{3+} + \cdot O_2^- \tag{6-3}$$

为了探究 UV/针铁矿/H_2O_2 对氯丹的降解机理，更好地调控反应过程，本章首先探索了体系内产生的活性自由基类型；之后探讨了氯丹降解与去除效果的对比及 Triton X-100 浓度对氯丹降解的影响；检测了反应前后针铁矿表面 Fe^{2+}、Fe^{3+} 的变化情况及反应后针铁矿表面的基团变化；监测了 UV/针铁矿/H_2O_2 降解氯丹的中间产物并推断可能的降解途径。

6.1　UV/针铁矿/H_2O_2 降解氯丹机理研究的实验材料与方法

6.1.1　UV/针铁矿/H_2O_2 降解氯丹机理研究的实验材料

详见 4.1.1 节。

6.1.2　UV/针铁矿/H_2O_2 降解氯丹的机理研究实验

6.1.2.1　活性自由基淬灭实验

取2.5 mL氯丹储备液（200 mg/L），待丙酮与正己烷全部挥发干后，加入浓度为1 CMC的Triton X-100溶液500 mL，置于磁力搅拌器上搅拌1 h以让氯丹充分溶解，此时体系内氯丹浓度为1 mg/L，调节溶液pH值为3。在50 mL光反应瓶中加入0.0050 g针铁矿，再分别加入含10%甲醇、10 mmol/L碘化钾、5 mmol/L苯醌的氯丹溶液，然后加入250 μL 30%的H_2O_2。将体系放入光催化反应仪中进行反应，控制温度为28 ℃。分别在0 h、2 h、4 h、8 h、12 h、24 h取样，每次取1 mL，加入10 mL正己烷，涡旋30 min后，取上清液加入少量无水硫酸钠脱水，经0.22 μm滤膜过滤后，上机检测氯丹含量。

6.1.2.2　UV/针铁矿/H_2O_2 对氯丹降解与去除效果的对比实验

配制1 mg/L的氯丹溶液，方法同4.1.3节，调节溶液pH值为3。称取0.0050 g针铁矿于50 mL石英反应瓶中，然后加入50 mL氯丹溶液，再加入250 μL 30%的H_2O_2。将体系放入光催化反应仪中进行反应。分别在0 h、2 h、4 h、8 h、12 h、24 h取样。氯丹降解样品的取样方法同4.1.3节。氯丹去除样品的取样方法如下：在取样时间点取出样品（50 mL）后，快速通过5 μm滤膜抽滤，在滤液中取1 mL，加入10 mL正己烷涡旋30 min，再取上清液加入少量无水硫酸钠脱水，经0.22 μm滤膜过滤后，上机检测氯丹含量。

同时监测Triton X-100对氯丹降解的影响，反应过程同上。Triton X-100降解样品的取样方法如下：分别在0 h、2 h、4 h、8 h、12 h、24 h取样。在取样时间点取出样品10 mL，快速过5 μm滤头后，取滤液5 mL，定容至10 mL，加入0.25 mL KI-I_2显色剂，2 h显色后进行紫外检测。

6.1.2.3　Triton X-100浓度对氯丹降解的影响实验

取2.5 mL氯丹储备液（200 mg/L），待丙酮与正己烷全部挥发干后，加入浓度为0.38 CMC、1 CMC、3 CMC、26 CMC的Triton X-100溶液500 mL，置于磁力搅拌器上搅拌1 h以让氯丹充分溶解，得到Triton X-100浓度不同的氯丹溶液。调节溶液pH值为3，称取0.0050 g针铁矿于50 mL的光反应瓶中，然后加入50 mL Triton X-100浓度不同的氯丹溶液，再加入250 μL 30%的H_2O_2。放入光催化反应仪中进行反应，控制温度为28 ℃。分别在0 h、2 h、4 h、8 h、12 h、24 h取1 mL样品，加入10 mL正己烷涡旋30 min后，取上清液加入少量无水硫酸钠脱水，经0.22 μm滤膜过滤后，上机检测氯丹含量。

6.1.2.4 反应前后针铁矿表面铁的价态分布实验

配制 1 mg/L 氯丹溶液，调节溶液 pH 值为 3。称取 0.0050 g 针铁矿于 50 mL 光反应瓶中，然后加入 50 mL 氯丹溶液，再加入 250 μL 30% 的 H_2O_2。将体系放入光催化反应仪中进行反应，控制温度为 28 ℃。经 24 h 反应后，过滤溶液并收集矿物，洗涤矿物并烘干，直至恒重。将反应前后的针铁矿做 X 射线光电子能谱分析（XPS），探究 UV/针铁矿/H_2O_2 降解 Triton X-100 溶液中氯丹的反应前后的针铁矿表面铁的价态变化情况。

6.1.2.5 反应后针铁矿表面红外光谱分析实验

反应过程同 6.1.2.4 节。将反应后的针铁矿做红外光谱分析，探究 UV/针铁矿/H_2O_2 降解 Triton X-100 溶液中氯丹的反应后的针铁矿表面分子基团的变化情况。

6.1.2.6 UV/针铁矿/H_2O_2 降解氯丹中间产物的监测实验

配制 1 mg/L 氯丹溶液，方法同 4.1.3 节，调节溶液 pH 值为 3。称取 0.0050 g 针铁矿于 50 mL 光反应瓶中，然后加入 50 mL 氯丹溶液，再加入 250 μL 30% 的 H_2O_2。将体系放入光催化反应仪中进行反应，控制温度为 28 ℃。分别在 0 h、2 h、4 h、8 h、12 h、24 h、36 h、48 h 取样。取出样品 40 mL，分装在 3 个 50 mL 玻璃瓶内，而后在各个瓶中再加入 8 mL 正己烷，涡旋 10 min，取上清液于 150 mL 锥形瓶内，重复此过程 3 次，将上清液全部转移至锥形瓶中，旋转蒸发，蒸干后加入 1 mL 正己烷定容，再加入无水硫酸钠脱水，经 0.22 μm 滤膜过滤后，进行 GC-MS 检测。

6.1.3 测定方法

氯丹测定方法及 Triton X-100 测定方法见 4.1.5 节。

氯丹中间产物监测：仪器使用 GC-MS（Agilent 7890A-5975C），HP-5MS 型色谱柱（30.0 m×0.32 mm×0.25 μm，安捷伦科技有限公司）。进样口温度为 250 ℃，不分流进样，载气为高纯氦气（99.9999%），流速为 1.5 mL/min。色谱柱升温程序为柱温 100 ℃保持 1 min，再以 30 ℃/min 升温至 250 ℃，保持 0.1 min，再以 6 ℃/min 升温至 280 ℃，保持 0.1 min。进样量为 1 μL。

6.1.4 数据统计方法及制图

所有数据均采用 Excel 软件进行统计，采用 3 次重复的平均值 ± 标准偏差来表示。采用 Origin 软件绘图。

6.2　UV/针铁矿/H_2O_2 降解氯丹的机理

6.2.1　活性自由基的淬灭

为判别在 UV/针铁矿/H_2O_2 降解氯丹的过程中起主要作用的活性自由基种类，实验中引入了甲醇、碘化钾、苯醌等淬灭剂。图 6-1 为不同淬灭剂对 UV/针铁矿/H_2O_2 降解氯丹的影响效果。

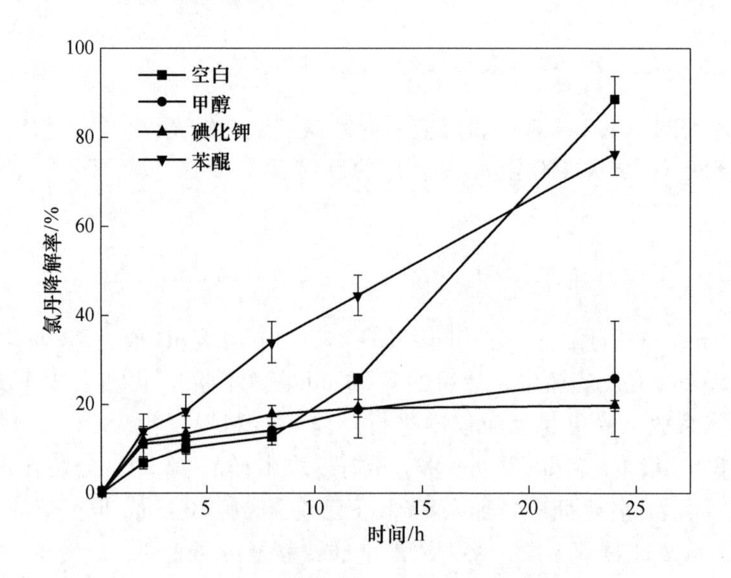

图 6-1　不同淬灭剂对氯丹降解的影响

由图可以看出：反应 24 h，未加淬灭剂的空白处理氯丹降解率可达 88.57%，加入苯醌的体系，反应 24 h，氯丹降解率为 76%，与空白相比，氯丹降解率轻微降低。有趣的是，在反应前 12 h，加入苯醌的体系中，氯丹降解率高于空白。苯醌是用于捕获超氧自由基·O_2^- 和·OOH 的淬灭剂(唐新德 等，2019)，在反应初期，体系内除了生成少量的·OH 的同时还生成·OOH,而·OOH 可与·OH 生成 H_2O 和 O_2，使·OH 失活。因此，反应初期，添加苯醌后其淬灭了体系内的·OOH,使得更多的·OH 用于降解氯丹。随着反应进行，体系内生成的 O_2^- 和·OOH 被淬灭,尽管会有更多的·OH 参与氯丹的降解反应,但由于·O_2^- 和·OOH 被淬灭,不能参与降解氯丹，最终使得氯丹的降解率低于空白处理。总体而言，苯醌的加入使氯丹降解率轻微降低，说明·O_2^- 和·OOH 不是降解过程中的主要活性物种。

碘化钾与·OH 的反应主要发生在催化剂表面附近,甲醇虽可以淬灭固体表面的·OH 又可以淬灭溶液中的·OH(戴慧旺 等，2018)，但淬灭固体表面·OH 的效果不如碘化钾显著。由图 6-1 可看出，反应 24 h，加入碘化钾、甲醇的体系氯丹降解率分别为 19.7%、25.7%，对比空白，氯丹降解率下降较大，这一现象说明在 UV/针铁矿/H_2O_2 降解氯丹的过程中起主要作用的是·OH。而且加入碘化钾的体系较加入甲醇的体系的氯丹降解率下降更多，说明降解氯丹的·OH 主要是在催化剂表面产生的。

6.2.2　UV/针铁矿/H_2O_2 对氯丹降解与去除效果的对比

降解和去除是反应过程中两个不同的概念。降解指的是在反应过程中，污染物被氧化分解成小分子的过程，而去除则包括催化剂对污染物的吸附以及氧化分解等过程。图 6-2 显示了 UV/针铁矿/H_2O_2 对氯丹的降解与去除效果的对比。从图 6-2 中可以看出，UV/针铁矿/H_2O_2 体系下氯丹的去除率与降解率之间存在明显的差异。在反应进行至 4 h 时，氯丹的去除率已经达到了 100%，这意味着从溶液中检测不到氯丹的存在；然而，此时的降解率仅为 10.2%，氯丹被矿化成无机物或转化为其他有机物的比例较低。这表明在早期反应阶段，氯丹主要通过吸附等非矿化过程从溶液中去除。直至反应进行 24 h 时，氯丹的降解率才显著提高至 88.57%，这反映了随着时间的延长，更多的氯丹分子被彻底降解。

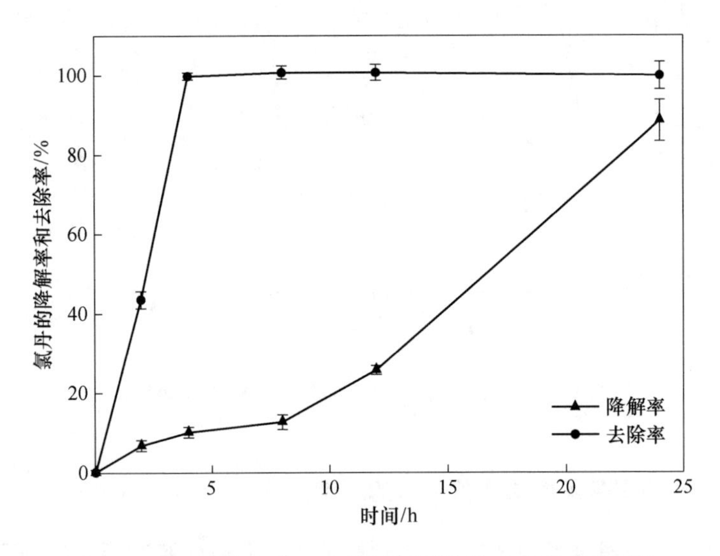

图 6-2　UV/针铁矿/H_2O_2 对氯丹的降解与去除效果的对比

根据第 5 章的吸附动力学结果，针铁矿对氯丹的吸附非常快，反应 4 h 时吸附已经达到平衡状态。此时氯丹的降解率仅为 10.2%，但去除率已经达到 100%。这说明剩余的氯丹已经被吸附在针铁矿的表面上。反应 4 h 后，液相中已经检测不到氯丹，但是反应体系中氯丹仍在继续降解。这一现象支持目前被广泛接受的表面催化机理。即氯丹首先被吸附在针铁矿表面，随后由反应生成的高活性的·OH 攻击吸附在针铁矿表面的氯丹,从而引发链式反应，促使氯丹的降解。

为进一步了解在反应过程中 Triton X-100 对氯丹降解产生的影响，本书探究了 UV/针铁矿/H_2O_2 对 Triton X-100 的降解效果，结果如图 6-3 所示。由图 6-3 可以看出，UV/针铁矿/H_2O_2 对 Triton X-100 的降解较快。与图 6-2 进行对比，发现反应 4 h 时，Triton X-100 的降解率已达到 87%，而此时氯丹的降解率仅为 10.2%，随着反应的进行，4 h 后，剩余的 Triton X-100 较少，Triton X-100 降解速率减缓，最大降解率为 92%，而此时氯丹降解率则快速提高，24 h 后达到 88.57%。发生上述现象的原因可能是：Triton X-100 会与氯丹竞争·OH，在反应的最初阶段（0 ~4 h），Triton X-100 反应速率较高，占用了大部分的·OH，因此这一时段氯丹降解率较低；而反应 4 h 后，Triton X-100 剩余较少，使得 Triton X-100 对·OH 的竞争减少,从而提高了氯丹的降解速率。

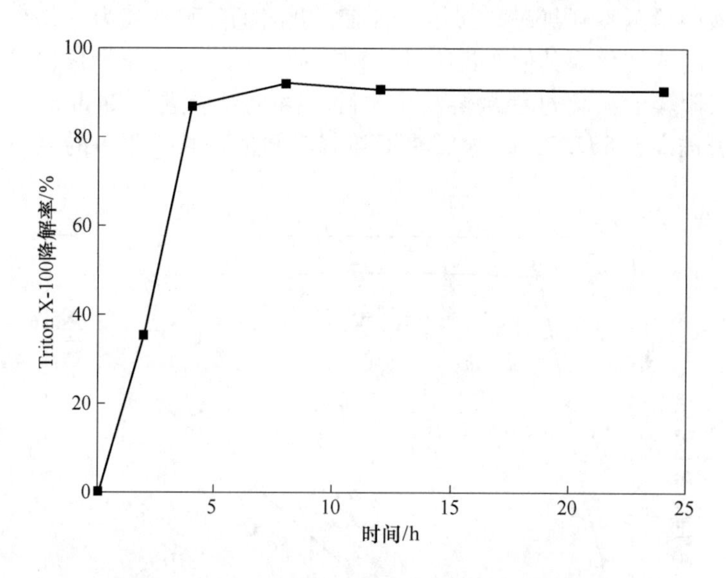

图 6-3　UV/针铁矿/H_2O_2 对 Triton X-100 的降解

6.2.3　Triton X-100 浓度对降解氯丹的影响

土壤洗脱液处理过程中，洗脱液的浓度对污染物洗脱和后续降解至关重要。为深入了解 Triton X-100 浓度对氯丹降解的影响，本部分详细探究了不同 Triton X-100 浓度（0.38 CMC、1 CMC、3 CMC、26 CMC）对氯丹降解效果的影响，具体结果展示在图 6-4 中。由图 6-4 可知，在 UV/针铁矿/H_2O_2 体系下，氯丹在各个浓度级别的 Triton X-100 溶液中的降解均明显遵循一级动力学规律。Triton X-100 浓度为 0.38 CMC 和 1 CMC 时，氯丹的降解速率由 0.0460 h^{-1} 增加至 0.0712 h^{-1}。

然而，随着 Triton X-100 浓度进一步提升至 3 CMC 时，氯丹的降解速率下降至 0.0135 h^{-1}，而在浓度达到 26 CMC 时，降解速率更是下降至 0.0019 h^{-1}。作为一种表面活性剂，Triton X-100 的分子能够吸附在针铁矿表面，为反应提供更多的活性位点。但是，一旦 Triton X-100 的浓度超过其临界胶束浓度，溶液中形成的胶束会减少表面吸附，导致活性位点数量减少，进而影响氯丹的降解速率。此外，Triton X-100 还可能与羟基自由基竞争，进一步降低氯丹的降解速率，这一点在袁薇（2017）的研究中也有所提及。

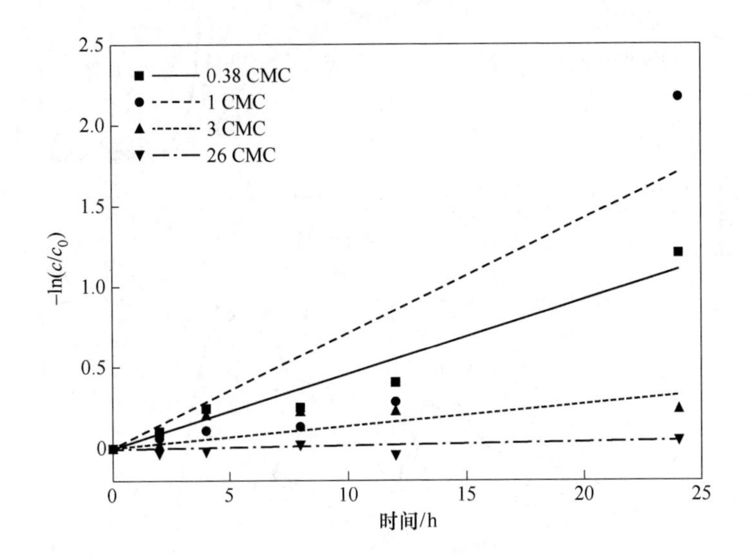

图 6-4 Triton X-100 浓度对 UV/针铁矿/H_2O_2 降解氯丹的影响

6.2.4 反应前后针铁矿表面铁的价态分布

XPS 是一种分析材料表面元素组成及其化学状态的关键技术。为了深入研究 UV/针铁矿/H_2O_2 降解 Triton X-100 溶液中氯丹的降解机制，本书采用 XPS 对针铁矿表面的铁和氧元素进行了详细分析。图 6-5 展示了反应前后针铁矿表面 Fe 2p 的 XPS 能谱图。针铁矿表面的 Fe^{2+} 和 Fe^{3+} 的结合能见表 6-1（祝春水，2004；张冲，2015；王锐 等，2018）。

表 6-1 反应前后针铁矿表面的 Fe^{2+} 和 Fe^{3+} 的结合能

反应状态	结合能/eV						含量/%	
	Fe^{2+}		Fe^{3+}				Fe^{2+}	Fe^{3+}
反应前	724.6	710.4	727.4	719	712.7	711.2	34.54	65.46
反应后	723.3	708.8	728.9	715.5	711.9	710	37.13	62.87

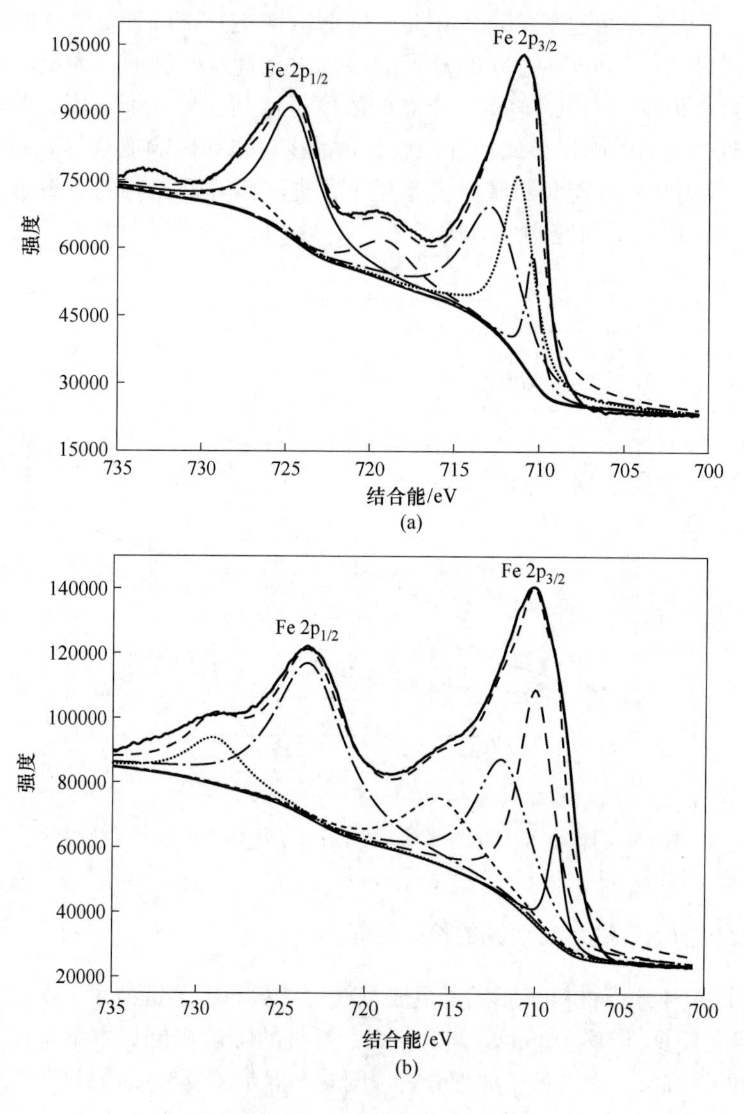

图 6-5　铁的形态分布

(a) 反应前；(b) 反应后

根据图 6-5 Fe $2p_{1/2}$和 Fe $2p_{3/2}$的峰值分析结果，可以观察到针铁矿表面 Fe^{2+}与 Fe^{3+} 含量的变化。具体来说，反应之前 Fe^{2+} 与 Fe^{3+} 的比例为 34.54% 和 65.46%，而反应之后，这一比例变为了 37.13% 和 62.87%。这种变化表明，在反应过程中，Fe^{2+}的含量有所增加，而 Fe^{3+}的含量相应减少，指示了 Fe^{2+}与 Fe^{3+}之间存在相互转换的过程。进一步地，通过对各个谱峰结合能的观察，可以发现它们在反应过程中也发生了变化，具体从 724.6 eV、710.4 eV、727.4 eV、719 eV、712.7 eV、711.2 eV 变动到 723.3 eV、708.8 eV、728.9 eV、715.5 eV、711.9 eV、710 eV，这些变化分别对应 1.3 eV、1.6 eV、1.5 eV、3.5 eV、0.8 eV、1.2 eV 的位移。这些位移的发生证明了氧化还原反应的进行，进一步支持 Fe^{3+} 向 Fe^{2+} 的转化以及反之亦然。这种转换过程不仅可通过式（6-4）~式（6-7）表示，谱峰强度的增加也间接证明了本研究方法能够促进反应的进行。这一结论得到了汪婷等（2013）、胡慧萍等（2016）、韩红桔（2018）以及 Xu 和 Wang（2012）的研究支持。

$$Fe(Ⅲ) + H_2O_2 \longrightarrow Fe(Ⅲ)H_2O_2 \tag{6-4}$$

$$Fe(Ⅲ)H_2O_2 \longrightarrow Fe(Ⅱ) + \cdot HO_2 + H^+ \tag{6-5}$$

$$Fe(Ⅲ) + \cdot HO_2 \longrightarrow Fe(Ⅱ) + O_2 + H^+ \tag{6-6}$$

$$Fe(Ⅱ) + H_2O_2 \longrightarrow Fe(Ⅲ) + \cdot OH + OH^- \tag{6-7}$$

图 6-6 中（a）、（b）分别为反应前、反应后针铁矿表面 O 1s 的 XPS 能谱图，图中两个峰均属于 FeOOH 中的氧的本征态，531.05 eV 属于 FeOOH 中的羟基氧，529.8 eV 属于 Fe 与 O 的结合键的氧，反应后针铁矿表面 O 1s 的结合能分别变为 531 eV 及 529.85 eV。结合分峰拟合光电子能谱图可以看出，反应后结合能均略有位移，并且反应前后两种形态氧的比例有所变化，反应前后羟基氧含量由 63.43% 下降为 50.38%，Fe 与 O 结合键的氧含量由 36.57% 增加至 49.62%，这也证明针铁矿表面发生了氧化还原反应（陈华，2011；崔蒙蒙，2017）。

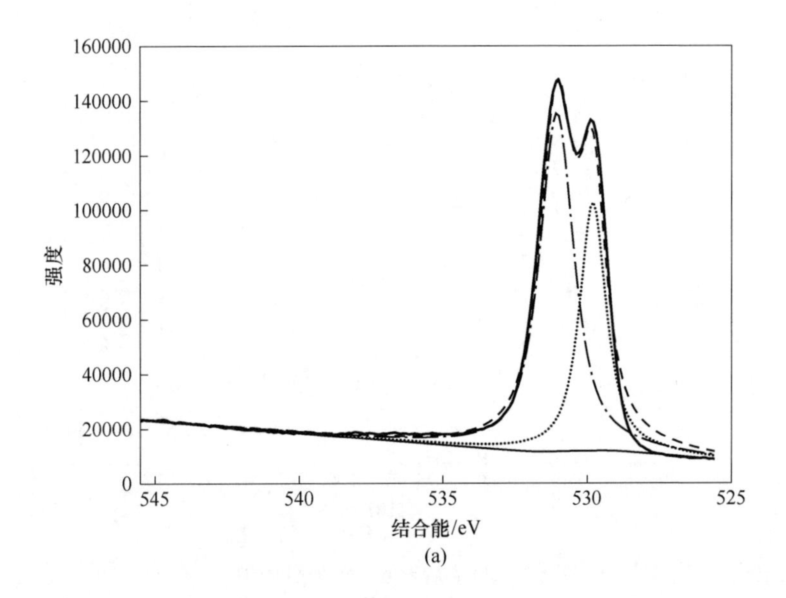

(a)

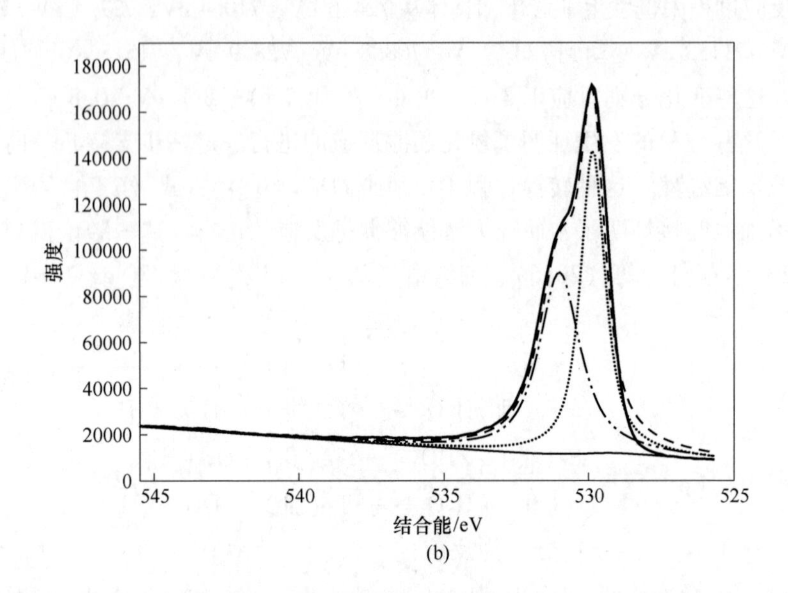

图 6-6　氧的形态分布

（a）反应前；（b）反应后

6.2.5　反应后针铁矿表面红外光谱分析

红外光谱技术是一种分析和鉴定分子基团特征的重要方法。图 6-7 中展示的是反应后针铁矿表面的红外光谱图。

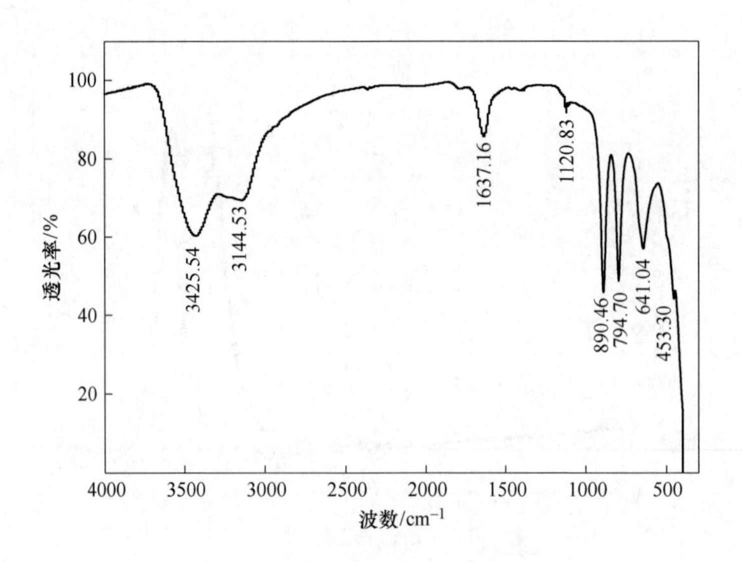

图 6-7　反应后针铁矿的红外光谱图

由图6-7可看出，与反应前针铁矿表面的红外光谱图（图4-4）相比，反应后针铁矿表面除3425.54 cm^{-1}处的—OH的伸缩振动吸收峰，1637.16 cm^{-1}处的H—O—H变形振动吸收峰，3144.53 cm^{-1}、890.46 cm^{-1}、794.70 cm^{-1}、641.04 cm^{-1}、453.30 cm^{-1}处的针铁矿特征吸收峰外，多出一个1120.83 cm^{-1}的特征峰，此特征峰推测属于C—O伸缩振动峰。这个新峰的出现可能表明在反应过程中，针铁矿表面与体系中的有机碳发生了化学反应，导致部分有机碳通过矿化作用转化成了HCO_3^-（孙振亚，2006）。

6.2.6 针铁矿催化异相光 Fenton 反应降解氯丹中间产物的监测

为了进一步对UV/针铁矿/H_2O_2降解氯丹的机理进行探究，推测其可能的降解途径，本书采用GC-MS对氯丹降解的中间产物进行监测。图6-8为反应0 h、8 h、48 h时的UV/针铁矿/H_2O_2降解氯丹的GC-MS分析谱图。由图6-8可看出，反应8 h时，谱图显示出多种中间产物的存在，这表明氯丹在此条件下经历了复杂的降解反应，产生了多个不同的降解物。到了反应48 h时，GC-MS谱图表明只有少量氯丹残留，说明在UV/针铁矿/H_2O_2体系下，氯丹得到了高效的降解。这一结果不仅表明了该体系对氯丹具有良好的降解能力，也暗示了降解过程可能导致了大部分中间产物的进一步转化，最终可能转化为二氧化碳、水和无机盐等较小、较无害的分子。

结合GC-MS谱图推测的降解产物和参考Yamada等（2008）关于氯丹光降解过程的研究，可以推断出氯丹在UV/针铁矿/H_2O_2体系下的降解产物，见表6-2，可能的降解途径如图6-9所示。氯丹分子中特定碳原子（C8、C1和C2）上C—Cl键的离解能较低，使得这些位置的氯原子容易被氧化反应所攻击。在降解的初始阶段，氯丹首先经历氧化反应，这可能涉及·OH的参与,其攻击氯丹分子，导致C—Cl键的断裂。随后，脱氯反应进一步促进了分子的开环反应，过程中可能生成一系列的氯代中间产物。这些中间产物在继续的反应中逐渐转化，最终可能通过一系列的化学变化形成单环的酮类化合物。

表6-2 反应8 h时氯丹降解中间产物分析

保留时间/min	分子式	名 称	CAS
9.270	$C_{10}H_5Cl_7$	Heptachlor	76-44-8
8.267	$C_{10}H_6Cl_6O$	1-Hydroxychlordene	2597-11-7
7.563	$C_{10}H_4Cl_8O$	Oxychlordan	155681-22-4
7.228	$C_{11}H_{14}O_2$	Methyl eugenol	93-15-2
5.617	$C_9H_{16}O_6$	Monoacetone glucose	18549-40-1

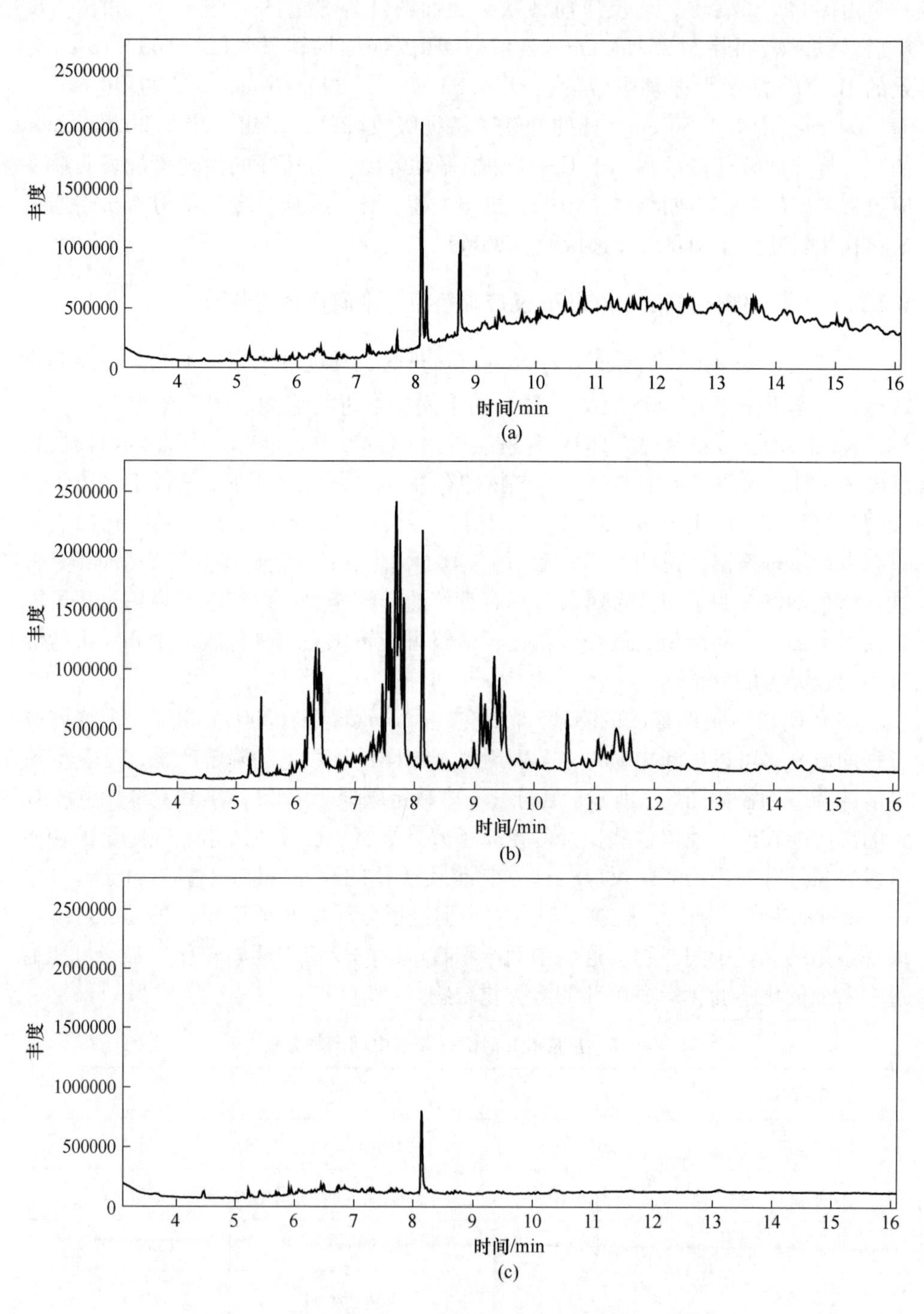

图 6-8　UV/针铁矿/H_2O_2 降解氯丹的 GC-MS 分析谱图

(a) 反应 0 h；(b) 反应 8 h；(c) 反应 48 h

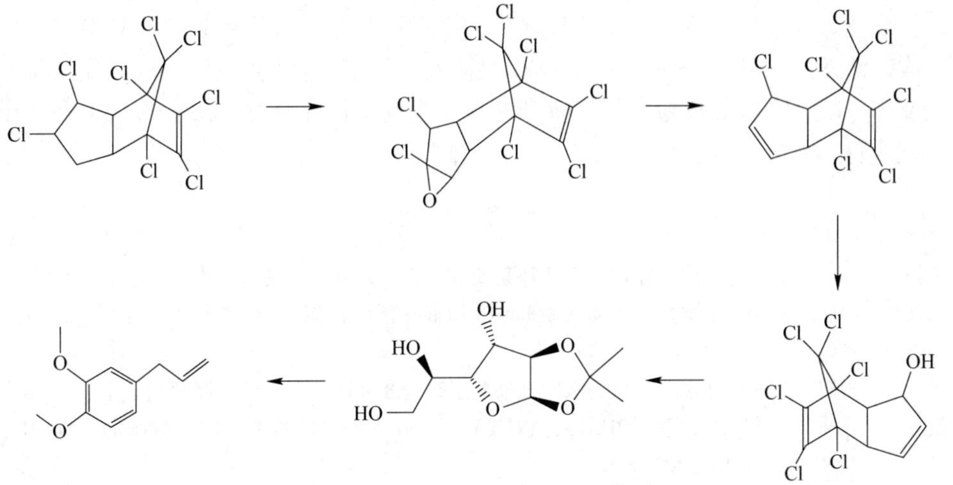

图 6-9 UV/针铁矿/H_2O_2 降解氯丹的可能的途径

6.3 本 章 小 结

（1）未加淬灭剂的 UV/针铁矿/H_2O_2 体系的氯丹降解率可达 88.57%，加入碘化钾、甲醇的体系最终氯丹降解率分别为 19.7% 和 25.7%，证明对氯丹降解起主要作用的是·OH，且加入碘化钾的体系氯丹降解率下降更大，说明降解氯丹的·OH 主要在催化剂表面产生。

（2）在 UV/针铁矿/H_2O_2 体系下，反应 4 h，氯丹去除率已达 100%，而氯丹降解率仅为 10.2%；反应 24 h，氯丹降解率达到 88.57%。Triton X-100 的存在对氯丹降解过程产生了显著影响。在反应的初期（0 ~4 h），由于 Triton X-100 的降解过程占用了大量的·OH，导致该时段内氯丹的降解率相对较低。随着反应时间的延长，Triton X-100 的浓度降低，释放出更多的·OH 用于氯丹的降解，从而在反应后期氯丹的降解率得以显著提升。随着 Triton X-100 浓度升高，氯丹的降解速率呈先增大后减小的趋势。

（3）通过 XPS 分析可知，针铁矿表面 Fe^{2+} 与 Fe^{3+} 的含量分布产生变化，分别由反应前的 34.54%、65.46% 变为反应后的 37.13%、62.87%，证明了 UV/针铁矿/H_2O_2 体系会促进铁离子之间的转换，从而促进反应的进行。通过对反应后针铁矿表面的红外光谱分析可知，反应后针铁矿表面除含有—OH、H—O—H 及针铁矿特征基团外，还增加了 C—O 基团，这是由于反应后将部分有机碳矿化为 HCO_3^- 所致。

（4）UV/针铁矿/H_2O_2 对氯丹的降解机理为表面催化机理，氯丹分子首先被针铁矿的表面吸附。在 UV 光的照射下，针铁矿表面的 Fe^{2+} 和 Fe^{3+} 与 H_2O_2 反应，生成高活性的·OH。生成的·OH 会攻击吸附在针铁矿表面的氯丹分子，首先发生氧化反应，随后在脱氯反应作用下逐渐开环，生成氯代化合物，最后形成单环的酮类化合物。

参 考 文 献

陈华，2011. 改性纳米零价铁处理水中四环素研究［D］. 广州：华南理工大学：26-28.

陈梦蝶，2018. 光芬顿及类光芬顿体系中 FeOCl 的催化活化机制研究［D］. 武汉：武汉纺织大学：24-27.

崔蒙蒙，2017. 水铁矿对含磷废水的吸附性能及机理分析［D］. 苏州：苏州科技大学：40-46.

戴慧旺，陈建新，苗笑增，等，2018. 醇类对 UV-Fenton 体系羟基自由基淬灭效率的影响［J］. 中国环境科学，38(1)：202-209.

韩红桔，2018. 光电芬顿氧化水中次磷酸盐同步除磷的研究［D］. 重庆：重庆工商大学：44-46.

胡慧萍，王梦，丁治英，等，2016. FT-IR、XPS 和 DFT 研究水杨酸钠在针铁矿或赤铁矿上的吸附机理(英文)［J］. 物理化学学报，32(8)：2059-2068.

孙振亚，2006. 生物矿化纳米 FeOOH 的特征与自组装合成及其环境意义［D］. 武汉：武汉理工大学：97-102.

唐新德，王正容，刘宁，2019. 微米棒状 Bi_2O_4 光催化剂的制备及其可见光降解盐酸四环素的研究［J］. 应用化工，48(11)：2670-2672，2676.

汪婷，高滢，金晓英，等，2013. 纳米四氧化三铁同步去除水中的 Pb(Ⅱ)和 Cr(Ⅲ)离子［J］. 环境工程学报，7(9)：3476-3482.

王锐，许海娟，魏世勇，等，2018. 针铁矿和针铁矿-胡敏酸复合体对 Se(Ⅳ)吸附机制［J］. 土壤学报，55(2)：399-410.

王维明，张冉，王树涛，等，2013. 非均相光 Fenton 降解 4-氯酚的研究［J］. 安全与环境学报，13(1)：31-35.

袁薇，党志，黄开波，等，2017. 非离子表面活性剂溶液中 2,4,4′-三溴联苯醚的光降解特性及机理［J］. 环境化学，36(9)：1906-1913.

张冲，2015. 纳米零价铁芬顿体系降解三氯乙烯实验研究［D］. 北京：中国地质大学：13-15.

祝春水，2004. 生物矿化针铁矿处理含铬废水及其机理研究［D］. 武汉：武汉理工大学：46-50.

XU L，WANG J，2012. Fenton-like degradation of 2,4-dichlorophenol using Fe_3O_4 magnetic nanoparticles［J］. Applied Catalysis B：Environmental，123(30)：117-126.

YAMADA S，NAITO Y，FUNAKAWA M，et al.，2008. Photodegradation fates of cis-chlordane，trans-chlordane，and heptachlor in ethanol［J］. Chemosphere，70(9)：1669-1675.

7 光催化氧化技术处理模拟洗脱液中灭蚁灵研究

第3章研究结果表明光降解技术可有效地降解灭蚁灵，但反应过程的机制为脱氯加氢作用，其脱氯产物光灭蚁灵仍具有很强的毒性（Fujimori et al.，1980；Burns et al.，1996），环境健康风险依然较高。因此，光降解技术需与其他技术相结合，进一步处理污染物，以期达到修复目标。

研究发现UV光与催化剂结合的高级氧化技术可以实现污染物的完全矿化，从而大大提高了污染物的降解效率（Veloutsou et al.，2014；Murgolo et al.，2015）。其中，UV/H_2O_2是受到广泛关注的AOPs技术（Wang et al.，1999）。而Fenton反应由于操作简单和环境友好等优点也被广泛应用（Wang et al.，2015）。

虽然均相光Fenton反应在有机污染物矿化方面相比单纯的光降解体系有很大提升，但该系统需要较低的pH值（pH=3）才能有效运行，另外反应过程中会产生大量铁离子，进而生成沉降性能较差的含铁污泥，需要另行处理（Pignatello et al.，2006）。这些缺点限制了该技术的应用。异相光Fenton体系是利用铁氧化物代替Fe^{2+}催化分解H_2O_2降解不同种类的污染物，该过程不仅可以避免含铁污泥的产生，而且可以在较宽的pH值范围内实现光Fenton反应，减去了样品酸化中和的过程，可有效解决这些缺点。此外半导体铁氧化物被光照后，所受能量大于或等于禁带宽度，价带上的电子被光子激发，发生跃迁到达导带，同时价带上产生空穴，从而产生空穴-电子对（h^+-e^-）。h^+具有氧化性，不仅可氧化H_2O和OH^-产生·OH，而且可直接氧化有机物；同时e^-具有还原性，可诱发污染物发生还原反应（Zhao et al.，2004；Xu et al.，2013；Xu et al.，2015）。Zhao等（2004）用α-Fe_2O_3作为光催化剂对HCH进行降解，提出光能超过α-Fe_2O_3禁带能量2.3 eV后，催化剂会产生空穴和电子，空穴具有氧化性，氧化有机分子。

施氏矿物是一种结晶度较差、形貌特殊的亚稳态的次生羟基硫酸盐高铁矿物，其化学成分为Fe、S、O、H（Bigham et al.，1990），其基本化学式为$Fe_8O_8(OH)_{8-2x}SO_x$，x在1～1.75。研究表明施氏矿物/H_2O_2/UV光组成的异相光Fenton反应对垃圾渗滤液有很好的处理效果（王鹤茹，2014）。Wang等（2013）采用施氏矿物作为一种新型Fenton催化剂辅助H_2O_2降解苯酚，结果表明：在苯酚浓度为100 mg/L，施氏矿物浓度为1 g/L，H_2O_2浓度为500 mg/L，pH值为3

时，0.5 h后，苯酚完全降解，且施氏矿物重复利用12次后，对苯酚的降解率仍然可高达98%。针铁矿是自然界中广泛并稳定存在的铁氧化物，因其具有较大的比表面积，对 H_2O_2 的催化分解能力最强，一直是研究热点（Guimarães et al.，2008；Li et al.，2015）。综上所述，异相光Fenton体系对洗脱液后处理修复具有潜在优势。

因此，本章使用以铁氧化物为催化剂组成的异相光Fenton反应降解模拟洗脱液中的灭蚁灵，并将其与传统均相光Fenton反应进行对比，初步研究了均相光Fenton反应与异相光Fenton反应对灭蚁灵的去除机理。

7.1　光催化氧化技术处理模拟洗脱液中灭蚁灵的实验材料与方法

7.1.1　光催化氧化技术处理模拟洗脱液中灭蚁灵的实验材料

灭蚁灵标样购自国家标准物质研究中心。

H_2O_2、$FeSO_4·7H_2O$、$Fe(NO_3)_3$、KOH、重铬酸钾、正己烷、NaOH、浓 H_2SO_4、HCl、无水硫酸钠（400 ℃烘4 h，冷却后储于密闭容器中备用）等均为分析纯；辛烷基聚氧乙烯醚（Triton X-100）为化学纯；0.22 μm尼龙滤膜；玻璃纤维滤膜。

模拟洗脱液制备：取灭蚁灵母液0.8 mL（丙酮溶剂）用10 CMC Triton X-100溶液定容到100 mL放入180 r/min、28 ℃的摇床中振荡，12 h后取出，经玻璃纤维滤膜过滤，然后避光保存于4 ℃冰箱中待用。经测定，用于均相、异相反应体系中的灭蚁灵浓度分别为5.26 mg/L和3.26 mg/L。

7.1.2　生物、化学施氏矿物及化学针铁矿的制备

7.1.2.1　*A. ferrooxidans* LX5休止细胞悬浮液的制备

A. ferrooxidans LX5为作者实验室从污泥中分离纯化获得，现被国家专利局指定的微生物保存中心保藏，保藏号为CGMCC No. 0727。

用于实验的 *A. ferrooxidans* 休止细胞的培养制备，采用改进型9K培养基（Liao et al.，2009）：$(NH_4)_2SO_4$ 3.5 g、KCl 0.119 g、K_2HPO_4 0.058 g、$Ca(NO_3)_2·4H_2O$ 0.0168 g、$MgSO_4·7H_2O$ 0.583 g，蒸馏水1000 mL，用10 mol/L H_2SO_4 调pH值为2.5；加入能源物质 $FeSO_4·7H_2O$ 44.2 g/L，用1 mol/L H_2SO_4 调pH值为2.5。将10%的 *A. ferrooxidans* 接种在改进型9K培养基中，置于28 ℃往复式摇床中于180 r/min条件下振荡培养。待指数生长阶段后期（约3天），将培养液经定性滤纸过滤除去生成的沉淀，将滤液在10000 g（4 ℃、10 min）下离

心以收集菌体；菌体用 pH 值为 1.5 的 H_2SO_4 溶液洗 3 次，除去可溶性的各种杂离子；然后用 pH 值为 2.5 的 H_2SO_4 悬浮菌体于 4 ℃冰箱中保存。

7.1.2.2 生物合成施氏矿物

在三角瓶中加入 22.24 g/L $FeSO_4 \cdot 7H_2O$，接种 2% *A. ferrooxidans* 休止细胞（使其在整个体系中细菌含量达到 2.0×10^7 个/mL），保持反应总体积为 500 mL。将混合液置于 180 r/min、28 ℃的往复式摇床中振荡培养 72 h。培养结束后体系中生成的沉淀用 0.45 μm 滤膜收集，并用 pH 值为 2.0 的 H_2SO_4 溶液洗涤 3 次，再用去离子水清洗 3 次，在 50 ℃下烘干至恒重并保存于干燥箱中备用（李浙英，2010）。

7.1.2.3 化学合成施氏矿物

称取 11.12 g $FeSO_4 \cdot 7H_2O$ 放入 1 L 的三角瓶中，用 494 mL 去离子水溶解，再将 6 mL H_2O_2（30%）用蠕动泵加入（约 10 s 一滴），同时伴有磁力搅拌。将上述混合液置于往复式摇床中于 180 r/min、28 ℃下振荡培养。24 h 后，体系中生成的沉淀用 0.45 μm 滤膜收集，用酸化（pH = 2.0）的蒸馏水和去离子水先后洗涤 3 次，在 50 ℃下烘干至恒重并保存于干燥器中备用（李浙英，2010）。

7.1.2.4 化学合成针铁矿

在 2 L 聚乙烯瓶中，加入 1 mol/L 的 $Fe(NO_3)_3$ 溶液 100 mL，后将 180 mL 5 mol/L 的 KOH 快速加入同时伴有磁力搅拌，红棕色沉淀快速生成，立即加入去离子水，保持总体积为 2 L，密封后放入 70 ℃烘箱中。60 h 后取出，离心过滤，沉淀用去离子洗涤 3 次，在 50 ℃下烘干至恒重并保存于干燥器中备用。

7.1.3 H_2O_2/UV、Fenton/UV 降解模拟洗脱液中灭蚁灵的实验

取若干份 10 mL 模拟洗脱液（灭蚁灵浓度为 5.26 mg/L）放置于石英反应管中（长 150 mm，内径 18 mm），用 H_2SO_4 和 NaOH 调节溶液 pH 值为 3，并分别加入 100 μL H_2O_2、0.0606 g $FeSO_4$ 与一枚磁力搅拌转子，将石英反应管放置于 XPA-Ⅱ光化学反应仪中（距离光源 100 mm），反应溶液温度通过冷却水循环控制在(25 ± 2) ℃，用 500 W 中压汞灯（主波长为 365 nm 的紫外光）作为发射光源。反应 4 h 时，终止反应，倒出全部液体，加入 2 mL 铬酸，于 95 ℃下水浴 2 h。水浴后加入 8 mL 正己烷液液萃取 3 次，定容，过 0.22 μm 尼龙滤膜，用 GC/GC-MS 分析。每个处理重复 3 次。对照实验条件相同，不添加氧化剂，每个处理重复 3 次。

7.1.4　异相光 Fenton 去除模拟洗脱液中灭蚁灵的实验

本实验研究了生物合成施氏矿物/UV、生物合成施氏矿物/H_2O_2/UV、化学合成施氏矿物/UV、化学合成施氏矿物/H_2O_2/UV、化学合成针铁矿/UV、化学合成针铁矿/H_2O_2/UV 6 种异相光 Fenton 对灭蚁灵的去除效果。异相光催化剂的装载量按 7.1.3 节中传统均相 Fenton 中 Fe 元素的质量分数进行换算，确定生物合成施氏矿物为 2.27 g/L、化学合成施氏矿物为 2.89 g/L、针铁矿为 1.94 g/L。

取若干份 10 mL 模拟洗脱液放置于石英反应管中（长 150 mm，内径 18 mm），用 H_2SO_4 和 NaOH 调节溶液 pH 值为 3，并分别加入催化剂与一枚磁力搅拌转子，将石英反应管放置于 XPA-Ⅱ光化学反应仪中（距离光源 100 mm），反应溶液温度通过冷却水循环控制在(25±2) ℃，用 500 W 中压汞灯（主波长为 365 nm 的紫外光）作为发射光源。反应 4 h 时，终止反应。

溶液中灭蚁灵的测定：反应结束后，样品于 3000 r/min 下离心，取适量上清液，加入 2 mL 铬酸，于 95 ℃下水浴 2 h。加入 8 mL 正己烷液液萃取 3 次，定容，过 0.22 μm 尼龙滤膜，测定灭蚁灵含量。每个处理重复 3 次。

灭蚁灵总残留量：反应结束后，取出适量上清液，向剩余样品中加入 H_2SO_4 或 HCl 溶解矿物，溶解后加入 2 mL 铬酸，于 95 ℃下水浴 2 h。加入 8 mL 正己烷液液萃取 3 次，定容，过 0.22 μm 尼龙滤膜，测定其中灭蚁灵含量及其降解产物。重复 3 次。得到的结果加上清液中灭蚁灵总量为灭蚁灵总残留量。

$$\text{矿物对灭蚁灵的吸附量} = \frac{\text{灭蚁灵总残留量} - \text{溶液中灭蚁灵含量}}{\text{矿物量}}$$

7.1.5　测定方法

由于三种方法合成矿物的体系无其他元素参加反应，因此烘干的样品溶于 6 mol/L 的 HCl 中。Fe 用邻菲罗啉比色分光光度法测定；矿物元素组成使用 X 射线荧光光谱仪测定（XRF，Minipal 4 型，荷兰 PANalytical 公司）；合成的产物用 X 射线衍射仪鉴定 XRD 谱图，仪器采用日本理学公司生产的 Ultima Ⅳ。测试条件为：管电压为 40 kV，电流为 150 mA，步长为 0.02°，扫描速度为 2 (°)/min，Cu 靶 Kα 辐射；采用傅里叶红外光谱仪（NICOLET iS50，Bruker）测定颗粒的表面结构组成及键合情况；产物的表面特征及形貌观察在 Zeiss EVO18 扫描电子显微镜（SEM）上完成；采用日本岛津公司生产的带有漫反射积分球装置的 UV-240 型紫外可见分光光度计测定紫外可见漫反射光谱（UV-vis-DRS）。

采用 Agilent 7890 GC-ECD 测定灭蚁灵。色谱柱：HP-5（30.0 m × 0.32 mm × 0.25 μm，安捷伦科技有限公司）。进样量为 1.0 μL（不分流进样），载气流速为 1.0 mL/min（99.999% 高纯氮，恒流模式），进样口温度为 280 ℃，使用 ECD 检测器；采用升温程序：初始温度为 60 ℃，以 10 ℃/min 升温到 240 ℃，以 5 ℃/min 升温到 300 ℃，保持 10 min。

采用 GC-MS（Agilent 7890A-5975C）测定灭蚁灵的降解产物。色谱柱：HP-5MS（30.0 m × 0.32 mm × 0.25 μm，安捷伦科技有限公司）。进样量为 1.0 μL（不分流进样），载气流速为 1.0 mL/min（99.999% 高纯氦气，恒流模式），进样口温度为 280 ℃，使用 MS 检测器；采用升温程序：初始温度为 60 ℃，以 10 ℃/min 升温到 240 ℃，以 5 ℃/min 升温到 300 ℃，保持 10 min。质谱条件：EI 离子源，轰击电压为 70 eV，扫描范围 m/z 为 45 ~ 550，离子源温度为 230 ℃，四级杆温度为 150 ℃，接口温度为 280 ℃，离子检测模式为全扫描。

7.1.6 数据统计方法及制图

所有数据均采用 Excel 软件进行统计，采用 3 次重复的平均值 ± 标准偏差来表示。采用 SPSS 20.0 软件对实验结果进行单因素方差分析和新复极差测验。采用 Origin 软件绘图。

7.2 光催化氧化技术处理模拟洗脱液中灭蚁灵

7.2.1 生物、化学合成施氏矿物及化学合成针铁矿的鉴定与表征

7.2.1.1 生物、化学合成施氏矿物及化学合成针铁矿的基本理化性质

生物合成施氏矿物、化学合成施氏矿物及化学合成针铁矿的基本理化性质见表 7-1。研究表明，不同条件下形成的施氏矿物的化学组分比例不同（Bigham et al.，1996；孙红福，2006）。本实验中生物合成施氏矿物的组成为 $Fe_8O_8(OH)_{5.76}(SO_4)_{1.12}$，化学合成施氏矿物的组成为 $Fe_8O_8(OH)_{4.98}(SO_4)_{1.92}$，与文献相一致（王鹤茹，2014）。

化学合成施氏矿物比表面积为 7.18 m^2/g，与 Regenspurg 等（2004）报道的 4 ~ 14 m^2/g 一样。生物合成施氏矿物的比表面积约是化学合成施氏矿物的 6 倍，为 45.67 m^2/g。在生物合成施氏矿物过程中，合成时间较长，铁的供应速率比较均匀，并且微生物新陈代谢分泌的多糖、有机酸以及肽化合物可强烈地改造矿物表面（Banfield et al.，2001）。针铁矿的比表面积为 27.76 m^2/g，与 Mohapatra 和 Anand（2010）报道的 8 ~ 200 m^2/g 一致。

表 7-1　施氏矿物与针铁矿的特性

矿物	Fe 含量/%	分子式	BET/($m^2 \cdot g^{-1}$)
生物合成施氏矿物	53.8	$Fe_8O_8(OH)_{5.76}(SO_4)_{1.12}$	45.67
化学合成施氏矿物	42.3	$Fe_8O_8(OH)_{4.98}(SO_4)_{1.92}$	7.18
针铁矿	62.9	α-FeOOH	27.76

7.2.1.2　X 射线衍射分析

只有晶型矿物才能产生 X 射线衍射现象，因此 XRD 分析是区分晶型矿物与非晶型矿物以及鉴别矿物种类的最有效方法（周顺桂 等，2007）。生物、化学合成施氏矿物和化学合成针铁矿的 XRD 谱图如图 7-1 所示。

图 7-1(a) 和 (b) 表明，生物、化学合成施氏矿物 X 射线衍射峰相对较宽、强度低且有很多毛刺，XRD 谱图的 d 值和相对强度与标准施氏矿物（PDF 47-1775）数据吻合，且矿物的最强衍射峰与标准矿物的最强衍射峰比值为 100%，证明合成的矿物为纯施氏矿物。

图 7-1(c) 物质的 XRD 谱图的 d 值和相对强度与标准针铁矿（PDF 29-0713）数据吻合，其结晶性良好，且矿物的最强衍射峰与标准矿物的最强衍射峰比值为 100%，证明合成的矿物为纯针铁矿。

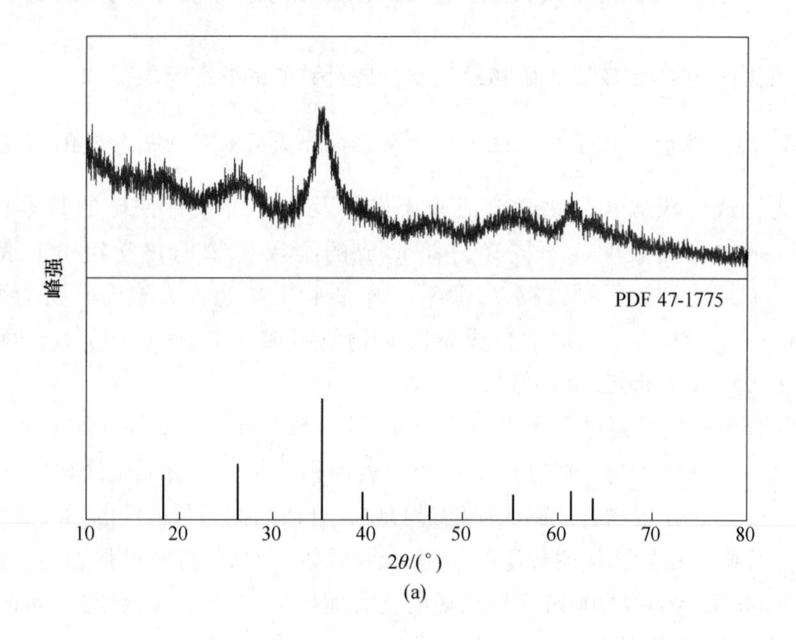

(a)

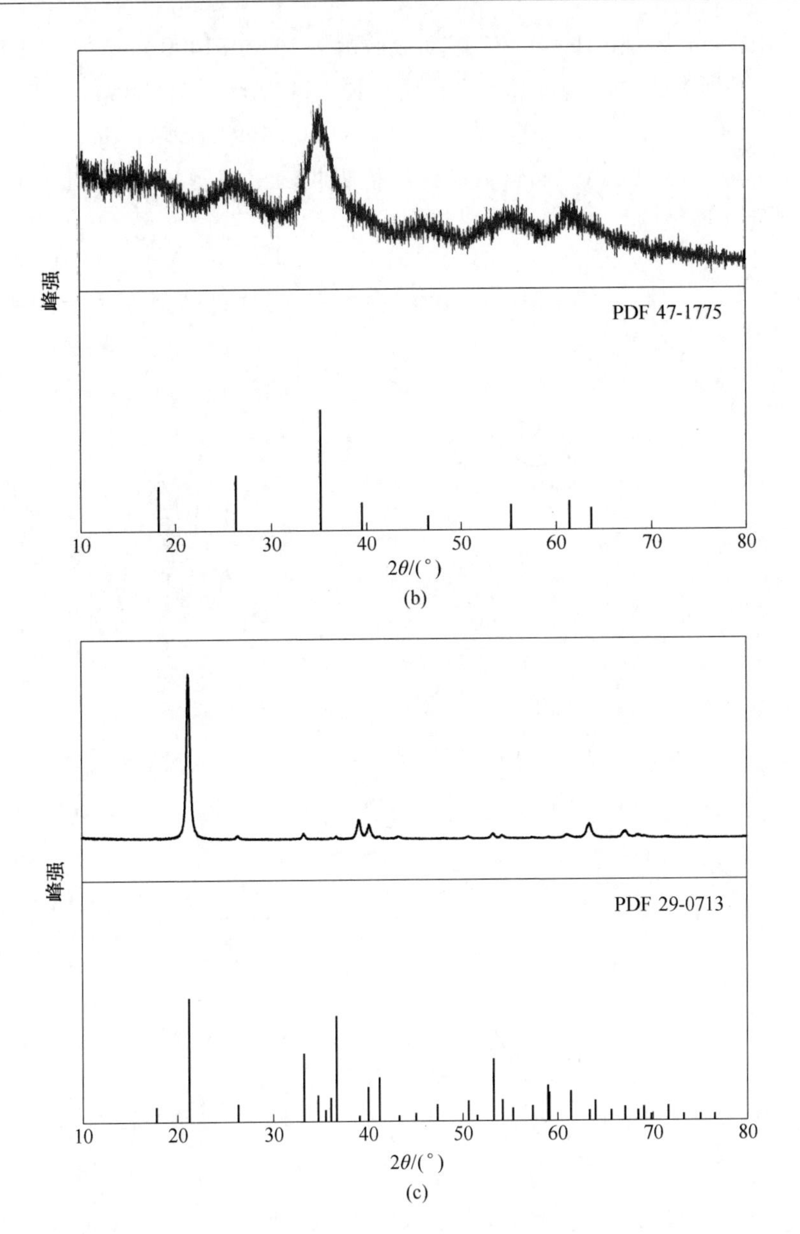

图 7-1 施氏矿物和针铁矿的 XRD 谱图

（a）生物合成施氏矿物；（b）化学合成施氏矿物；（c）化学合成针铁矿

7.2.1.3 红外光谱分析

施氏矿物及针铁矿的红外光谱如图 7-2 所示。据文献（Randall et al.，1999；Murad et al.，2000）可知，三种矿物的红外光谱皆含有—OH 伸缩振动吸收峰

(3400～3100 cm^{-1}) 和 H—O—H 振动吸收峰 (1640～1400 cm^{-1})。图 7-2(a) 和 (b) 中的所有吸收峰均可归属于施氏矿物，1120 cm^{-1}、980 cm^{-1}、704 cm^{-1} 分别归属于 SO_4^{2-} 的 ν_3、ν_1、ν_4 吸收 (Bigham et al., 1990, 1994; Regenspurg et al., 2004; 周顺桂 等, 2007)。而针铁矿的特征吸收峰出现于 889 cm^{-1}、792 cm^{-1}、633 cm^{-1}处 (熊慧欣, 2008)。

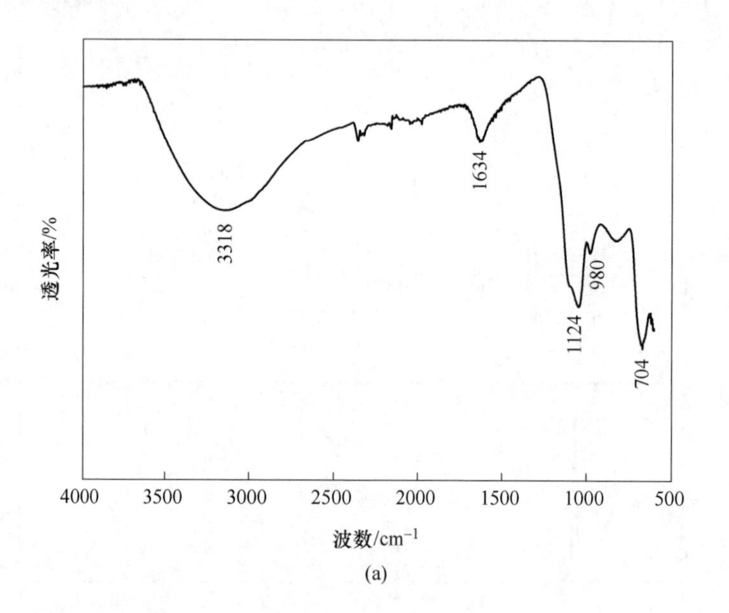

(a)

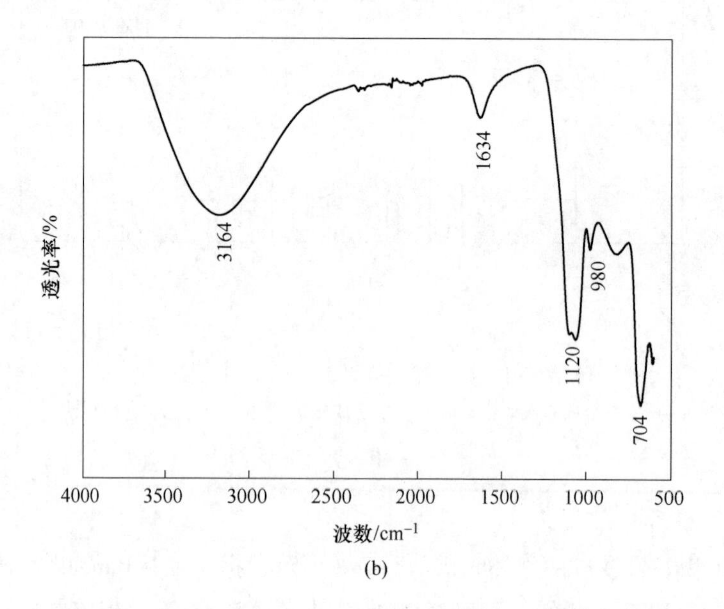

(b)

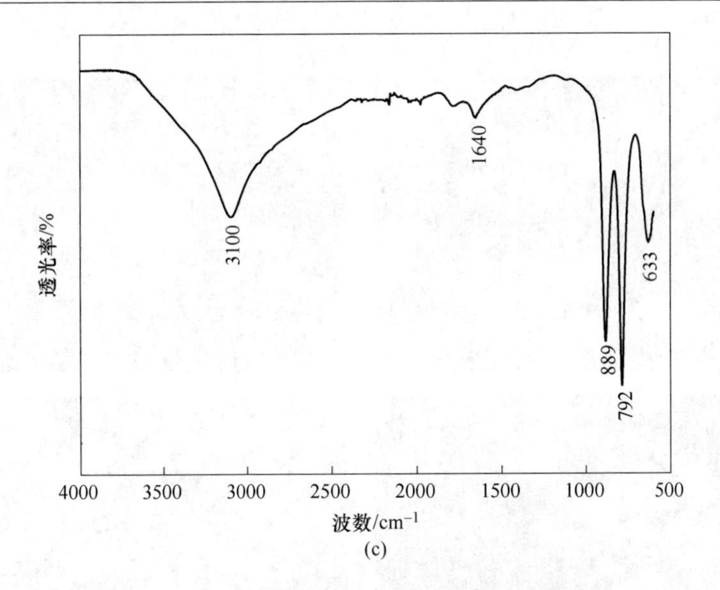

图7-2 施氏矿物和针铁矿的红外光谱图

(a) 生物合成施氏矿物；(b) 化学合成施氏矿物；(c) 化学合成针铁矿

7.2.1.4 矿物形貌分析

矿物颗粒形貌特征的SEM图可直接反应该物质结晶的颗粒大小、颗粒间团聚或凝聚现象（熊慧欣 等，2009）。图7-3为生物、化学合成施氏矿物和化学合成针铁矿的SEM图。

生物合成施氏矿物在扫描电子显微镜放大10000倍时可观察到其矿物的颗粒形貌：该矿物表面呈细“刺猬形”针状毛刺，粒径在2~5 μm。化学合成施氏矿物在扫描电子显微镜放大20000倍时可观察到其矿物的颗粒形貌：该矿物呈细小球状，粒径在400~1000 nm，颗粒较为光滑。针铁矿样品在扫描电子显微镜放大10000倍时可观察到其矿物的颗粒形貌：呈独立椭球形，团聚颗粒由长针状的细小颗粒团聚而成，大小约为长×宽≤15 μm×20 μm。

7.2.1.5 紫外可见漫反射光谱测定

生物、化学合成施氏矿物和化学合成针铁矿的紫外可见漫反射光谱如图7-4所示。三种光催化剂均在可见光范围内有吸收边。化学合成施氏矿物样品的吸收边大约在652 nm；生物合成施氏矿物的吸收边比化学合成施氏矿物的吸收边略宽，约在676 nm。而针铁矿的截止吸收波长约为780 nm。

7.2.2 H_2O_2/UV、Fenton/UV降解模拟洗脱液中灭蚁灵的研究

紫外光可促进H_2O_2、Fenton产生强氧化剂·OH，·OH攻击有机物使其降解，

图 7-3　施氏矿物与针铁矿的 SEM 图

并最终矿化为 CO_2 和 H_2O(Wang et al., 1999；Hermosilla et al., 2009；Silva et al., 2015)。其化学反应方程式如式（7-1）~式（7-3）所示：

$$H_2O_2 \xrightarrow{h\nu} 2\cdot OH \tag{7-1}$$

$$Fe^{2+} + H_2O_2 \xrightarrow{h\nu} Fe^{3+} + OH^- + \cdot OH \tag{7-2}$$

$$\cdot OH + RH \xrightarrow{h\nu} \text{氧化物} \longrightarrow CO_2 + H_2O \tag{7-3}$$

由第 3 章的研究结果可知，单独紫外光照下，虽然灭蚁灵的降解率较高，但其降解产物为光灭蚁灵，给人身安全和生态健康带来潜在的危害。因此，本实验研究添加氧化剂 H_2O_2、Fenton 再辅以光照氧化降解灭蚁灵。

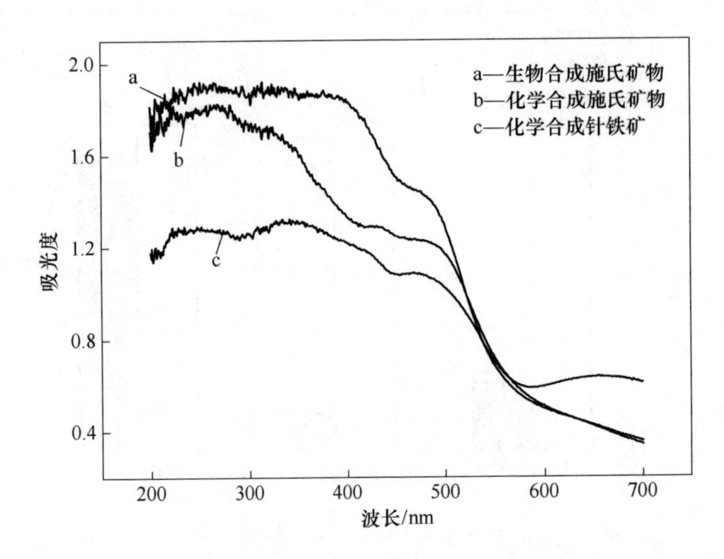

图 7-4 施氏矿物与针铁矿的紫外可见漫反射光谱图

在 10 CMC Triton X-100 溶液（pH =3）中添加 3.39 g/L H_2O_2 或 Fenton 试剂（3.39 g/L H_2O_2 和 6.06 g/L $FeSO_4$），25 ℃下采用 500 W 汞灯光照 4 h 降解受试底物灭蚁灵（浓度为 5.26 mg/L），其降解效果如图 7-5 所示。

在 H_2O_2 不存在的情况下，500 W 汞灯照射 4 h，10 CMC Triton X-100 溶液中的灭蚁灵的浓度从 5.26 mg/L 下降到 1.09 mg/L，其降解率为 79.3%。当体系中加入 3.39 g/L 的 H_2O_2 后，灭蚁灵的浓度从 5.26 mg/L 下降到 0.62 mg/L，其降解率为 88.2%，与对照实验（无 H_2O_2）相比无显著性差异（$p>0.05$），且经过质谱分析灭蚁灵的降解产物与对照实验相比也无差异。因此，单纯地向体系中添加 H_2O_2 不能起到提高模拟洗脱液中灭蚁灵降解的效果。

而在 Fenton/UV 体系中，在相同的反应时间和光照条件下，灭蚁灵的浓度从初始的 5.26 mg/L 下降到 4.86 mg/L，其降解率仅为 7.6%，与对照实验和 H_2O_2/UV 相比灭蚁灵的降解效果明显降低。这可能是灭蚁灵只有在与 DOM 相结合的条件下才能发生光解作用（Burns et al., 1997），而在此体系中 Trtion X-100 与 DOM 的作用类似，其为灭蚁灵提供了一个厌氧的微环境从而利于其光解。但姜欣伶（2012）的研究表明，Triton X-100 在 photo-Fenton 体系中可快速降解，初始浓度为 50 mg/L 的 Triton X-100 在光强度为 90 W/m^2、pH =3、H_2O_2/Fe^{2+} 物质的量为 1.155/0.257、H_2O_2/Triton X-100 物质的量为 15 的条件下，反应 90 min 后可使其降解 97% 以上。因而在本实验 Fenton/UV 体系下灭蚁灵的降解率低，可能是由于 Triton X-100 被快速降解，从而抑制了灭蚁灵的光解过程。因此，均相 Fenton/UV 体系对模拟洗脱液中灭蚁灵的降解与光降解相比并无明显优势。

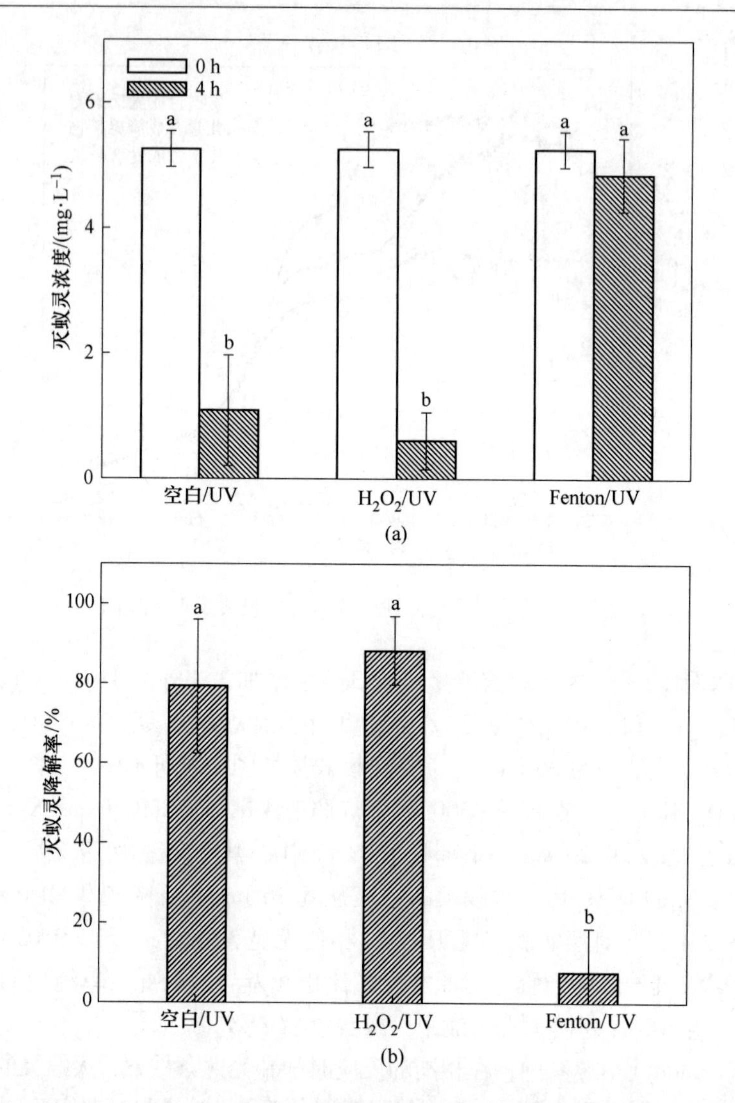

图 7-5　H_2O_2/UV 和 Fenton/UV 体系中灭蚁灵降解的前后浓度及其降解率

（a）灭蚁灵降解的前后浓度；（b）灭蚁灵的降解率

7.2.3　异相光 Fenton 去除模拟洗脱液中灭蚁灵的研究

7.2.3.1　异相光 Fenton 去除模拟洗脱液中灭蚁灵

异相光 Fenton 体系中催化剂 Fe 固定在固相中，不仅可以避免含铁泥浆的产生，还拓宽了光催化的 pH 值范围，更重要的是半导体性质的催化剂被光照后，所受能量大于或等于禁带宽度，价带上的电子被光子激发，发生跃迁到达导带，同时价带上产生空穴，从而内部产生空穴-电子对（h^+-e^-）。h^+ 具有氧化性，不

仅可氧化 H_2O 和 OH^- 产生·OH，而且可直接氧化有机物。同时 e^- 具有还原性，可诱发污染物发生还原反应（Zhao et al.，2004；Xu et al.，2013；Xu et al.，2015）。因此本实验进一步研究异相光 Fenton 去除模拟洗脱液中灭蚁灵的可行性。

反应温度为 25 ℃、pH = 3、500 W 汞灯照射 4 h 后，生物合成施氏矿物/UV、生物合成施氏矿物/H_2O_2/UV、化学合成施氏矿物/UV、化学合成施氏矿物/H_2O_2/UV、化学合成针铁矿/UV、化学合成针铁矿/H_2O_2/UV 对模拟洗脱液中灭蚁灵的去除率如图 7-6 所示。

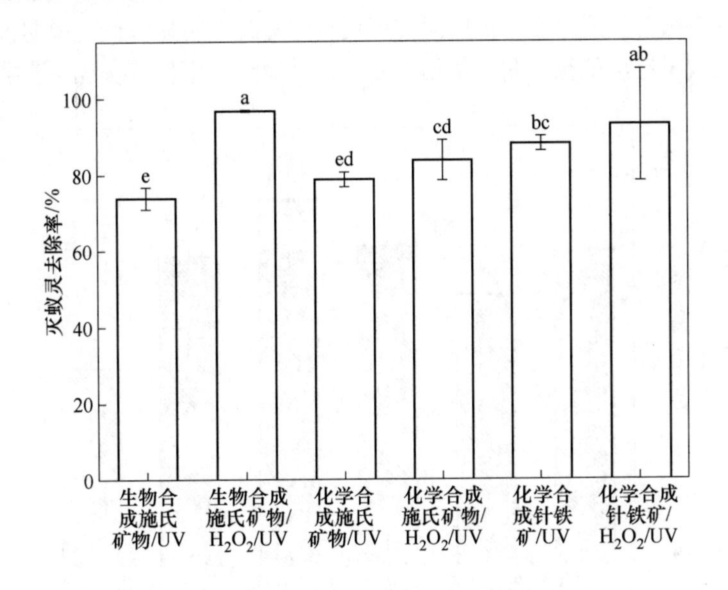

图 7-6 灭蚁灵在异相光 Fenton 体系中的去除率

生物合成施氏矿物/UV、生物合成施氏矿物/H_2O_2/UV、化学合成施氏矿物/UV、化学合成施氏矿物/H_2O_2/UV、化学合成针铁矿/UV、化学合成针铁矿/H_2O_2/UV 对模拟洗脱液中灭蚁灵的去除率均大于 73%，其中生物合成施氏矿物/H_2O_2/UV 体系中，灭蚁灵去除率最高，为 96.7%，而生物合成施氏矿物/UV 对污染物的去除率最低，为 73.9%。化学合成施氏矿物/UV 和化学合成施氏矿物/H_2O_2/UV 反应体系中，灭蚁灵的去除率无显著性差异。相同地，化学合成针铁矿/UV 和化学合成针铁矿/H_2O_2/UV 反应体系中，灭蚁灵的去除率也无显著性差异。所以，化学合成施氏矿物和化学合成针铁矿作为异相光 Fenton 体系的催化剂时，向体系中加入 H_2O_2 并不能使灭蚁灵的去除率提高，而只有生物合成施氏矿物体系中，H_2O_2 的加入使灭蚁灵的去除率提高了 23.7%。因此，生物合成施氏矿物、化学合成施氏矿物和化学合成针铁矿构成的异相光 Fenton 体系对模拟洗脱液中灭蚁灵的去除效率较高，但额外添加 H_2O_2 并不能进一步显著提高灭蚁灵的去除率。

6 种异相光 Fenton 体系中灭蚁灵的降解率如图 7-7 所示。以生物合成施氏矿物、化学合成施氏矿物和化学合成针铁矿为异相光 Fenton 体系的催化剂，在 500 W 汞灯照射、pH = 3、反应温度为 25 ℃的条件下、反应 4 h 时灭蚁灵的降解率分别为 64.7%、65.7% 和 63.6%，显著低于各自体系中灭蚁灵的去除率（图 7-6），而向体系中加入 H_2O_2 后，反而使灭蚁灵的降解率在生物合成施氏矿物和化学合成针铁矿体系中明显降低。如生物合成施氏矿物/UV 体系中灭蚁灵的降解率为 64.7%，加入 H_2O_2 后下降到 55.7%。再如，加入 H_2O_2 后，化学合成针铁矿/UV 体系中灭蚁灵的降解率从 63.6% 降低到 40.5%。所以，H_2O_2 的加入使体系中灭蚁灵的去除率略微升高或不变，但同时使灭蚁灵的降解率明显降低，说明模拟洗脱液中去除的灭蚁灵有可能被吸附在矿物表面，通过吸附作用将其从洗脱液中移除。

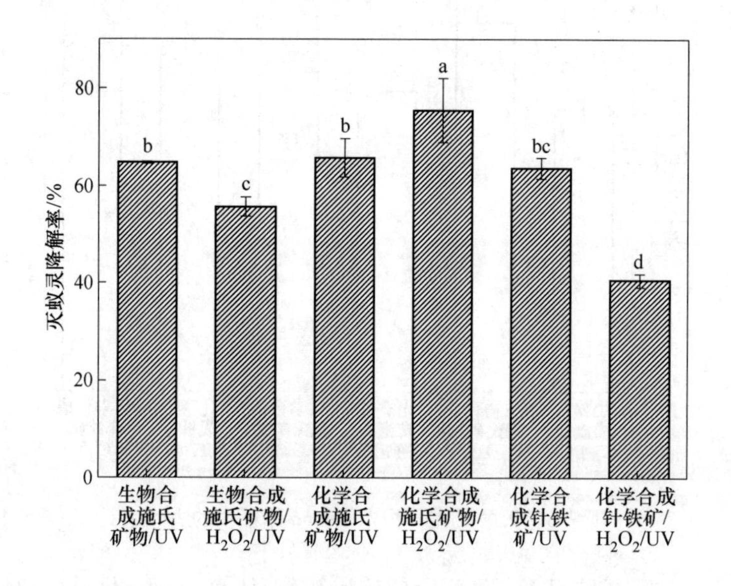

图 7-7　灭蚁灵在异相光 Fenton 体系中的降解率

为进一步验证本实验所采用异相光 Fenton 体系中的 3 种催化剂（生物合成施氏矿物、化学合成施氏矿物和化学合成针铁矿）是否吸附了模拟洗脱液中的灭蚁灵，本实验观察了异相光 Fenton 反应结束后，残留在水相与固相中的灭蚁灵的量，如图 7-8 所示。

在生物合成施氏矿物/UV、生物合成施氏矿物/H_2O_2/UV、化学合成施氏矿物/UV、化学合成施氏矿物/H_2O_2/UV、化学合成针铁矿/UV、化学合成针铁矿/H_2O_2/UV 体系中矿物表面均吸附一定量的灭蚁灵。其中，生物合成施氏矿物/H_2O_2/UV 和化学合成针铁矿/H_2O_2/UV 体系中灭蚁灵的吸附量高达 1.34 μg 和 1.71 μg，是其他 4 种异相光 Fenton 体系中的 1.7 ~ 4.9 倍和 2.14 ~ 6.29 倍，而这 2 种体系恰恰又是灭蚁灵降解率最低的体系（图 7-7）。这说明灭蚁灵在矿物上的吸附抑制了它的降解。

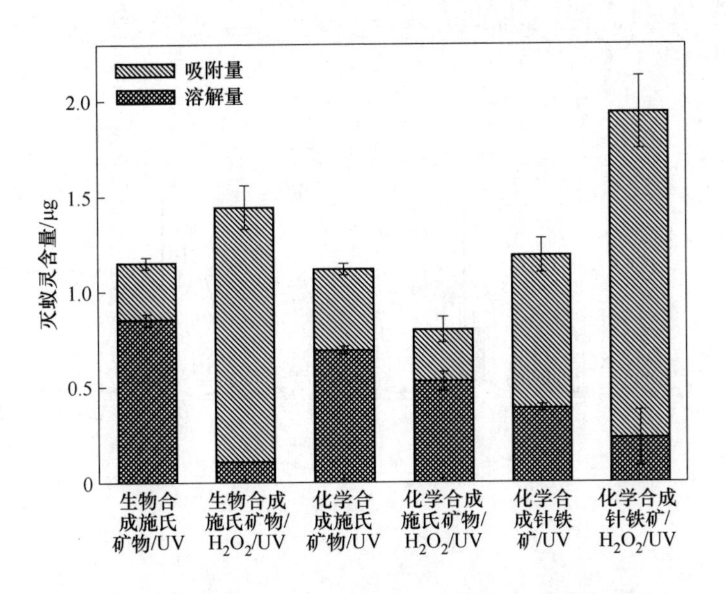

图 7-8 不同异相光 Fenton 体系中残留灭蚁灵的分布情况

生物合成施氏矿物/UV 和化学合成针铁矿/UV 体系中灭蚁灵的吸附量仅为 0.30 μg 和 0.80 μg。对比生物合成施氏矿物/H_2O_2/UV 和化学合成针铁矿/H_2O_2/UV 两个体系中灭蚁灵的吸附量可知，H_2O_2 向体系中的加入可能导致了模拟洗脱液中的 Triton X-100 得到大幅降解，使溶解于模拟洗脱液中的灭蚁灵浓度降低而转移到催化材料表面。Zhang 和 Wan（2014）采用 TiO_2/UV 异相光催化降解 20 mg/L Triton X-100，在催化剂装载量为 1 g/L、pH = 6 的条件下，反应 60 min Triton X-100 降解了 60% 左右，当向体系中添加 0.5 g/L H_2O_2，相同时间内 Triton X-100 降解了 95% 以上。因此，对于生物合成施氏矿物/UV、化学合成施氏矿物/UV 和化学合成针铁矿/UV 组成的异相光 Fenton 体系而言，向体系中加入无机氧化剂 H_2O_2 不但不利于模拟洗脱液中灭蚁灵的去除，反而降低其降解率。

所以，对模拟洗脱液中灭蚁灵的处理而言，只需向体系中加入合适的光催化剂，在 pH 值为 3、反应温度为 25 ℃、500 W 汞灯照射的条件下，处理 4 h 而无需添加 H_2O_2 即可使其中灭蚁灵的降解率达到 63.6% ~65.7%（图 7-7），而未降解部分以仍溶解在模拟洗脱液中和主要吸附在催化材料表面的形式存在，从而使从洗脱液中去除的灭蚁灵占原始浓度的 73.9% ~88.1%（图 7-6、图 7-8）。

7.2.3.2 生物合成施氏矿物/UV、化学合成施氏矿物/UV 和化学合成针铁矿/UV 降解灭蚁灵的产物分析

在生物合成施氏矿物/UV、化学合成施氏矿物/UV 和化学合成针铁矿/UV 体系中，灭蚁灵降解产物的 GC 谱图如图 7-9 所示。

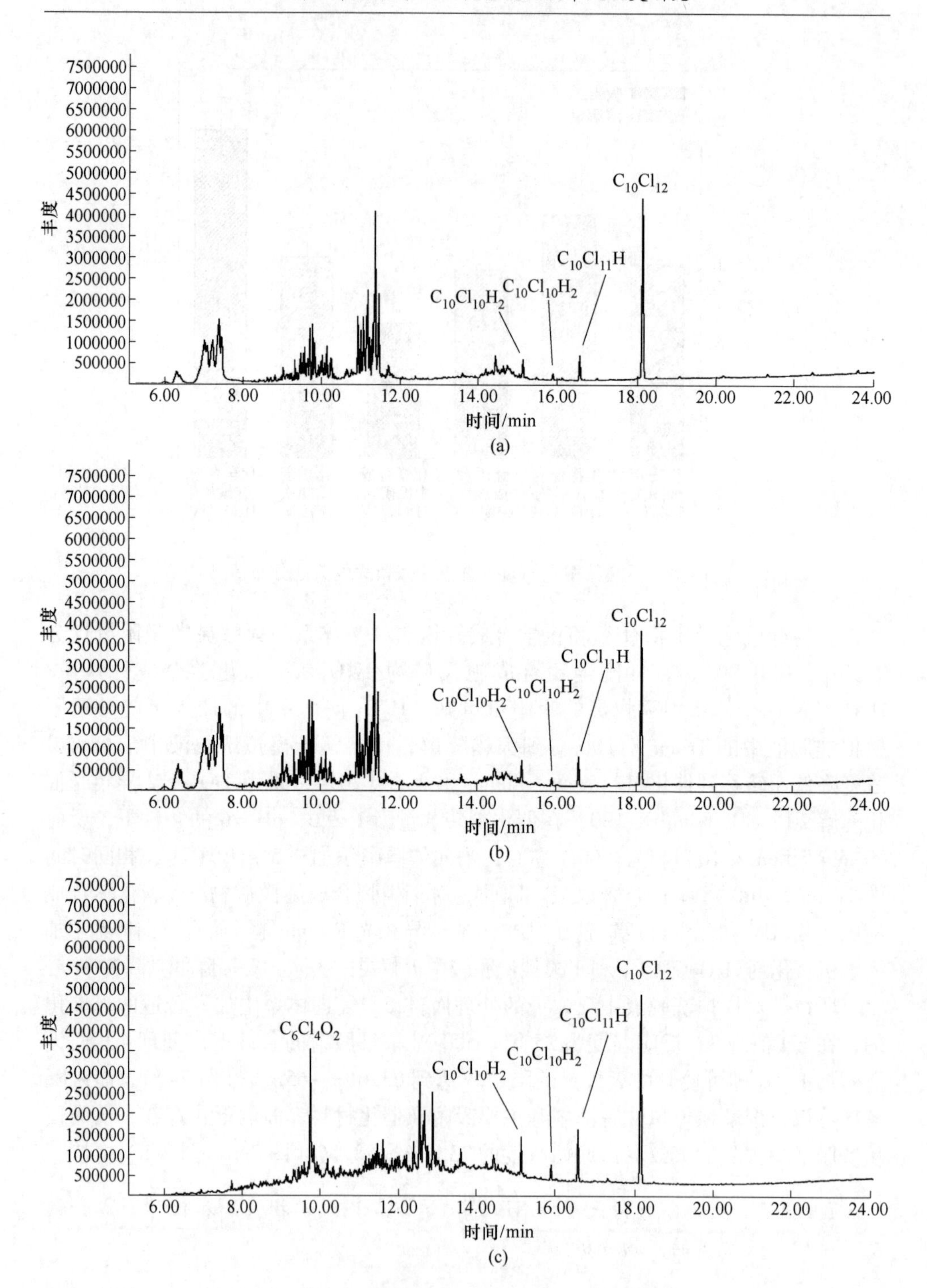

图 7-9　不同异相光催化体系中灭蚁灵降解的 GC 谱图

（a）生物合成施氏矿物/UV；（b）化学合成施氏矿物/UV；（c）化学合成针铁矿/UV

由图7-9可知，灭蚁灵的出峰时间为18.076 min，通过GC-MS质谱碎片分析发现，在生物合成施氏矿物/UV和化学合成施氏矿物/UV体系中，灭蚁灵的降解产物为光灭蚁灵（16.516 min，$C_{10}Cl_{11}H$）、10,10-二氢灭蚁灵（15.840 min，$C_{10}Cl_{10}H_2$）和2,8-二氢灭蚁灵（15.084 min，$C_{10}Cl_{10}H_2$），其余碎片未能确定。与直接光照相比（图3-3），异相光Fenton对灭蚁灵的还原降解更彻底，除光灭蚁灵还发现了新的降解产物10,10-二氢灭蚁灵和2,8-二氢灭蚁灵。这可能是由于矿物在光照下，产生Fe^{2+}，Fe^{2+}对有机氯具有还原作用，进一步还原了光灭蚁灵（Wang et al.，2013）。

与生物合成施氏矿物/UV、化学合成施氏矿物/UV体系中灭蚁灵产物相对比，化学合成针铁矿/UV体系中，灭蚁灵的降解产物除光灭蚁灵、10,10-二氢灭蚁灵和2,8-二氢灭蚁灵，还新增其开笼加氧产物四氯苯醌（9.719 min，$C_6Cl_4O_2$）（图7-10、图7-11）。这可能是由于针铁矿是半导体催化材料，在紫外光照下发生空穴-电子对的分离，空穴具有氧化性，氧化H_2O和OH^-产生·OH，进而氧化有机污染物。Liu等（2011）采用0.144 g针铁矿降解40 mL浓度为100 mg/L的苯胺，在300 W汞灯照射下反应7 h，苯胺降解率超过80%。

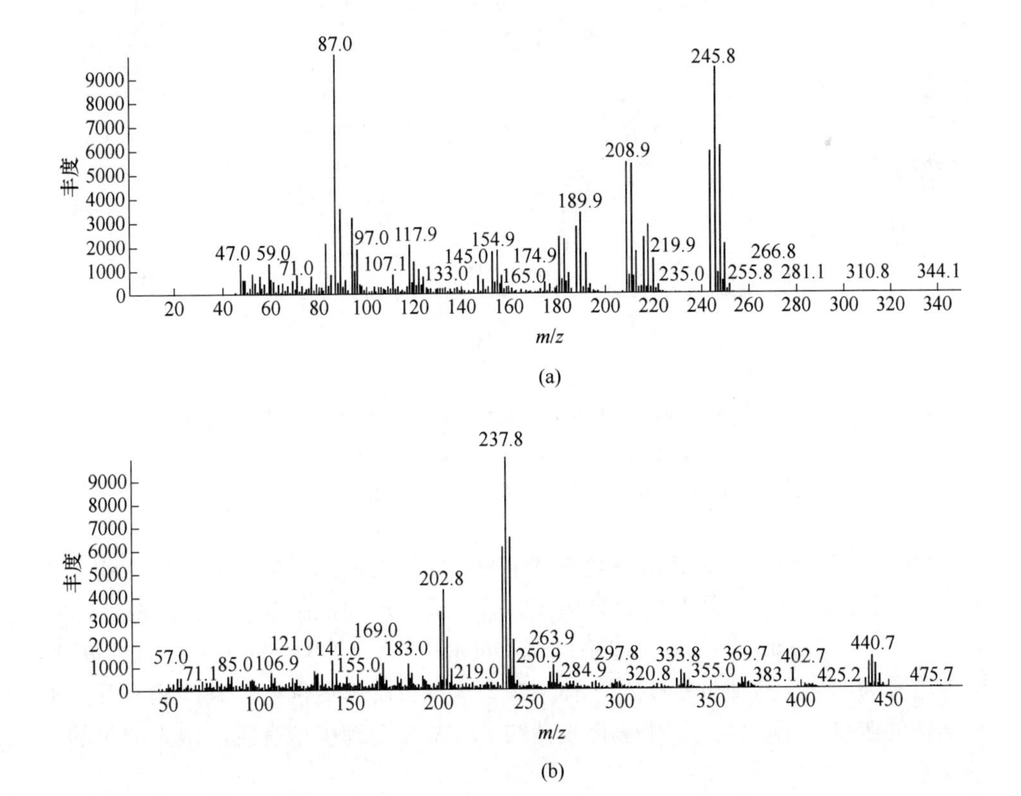

(a)

(b)

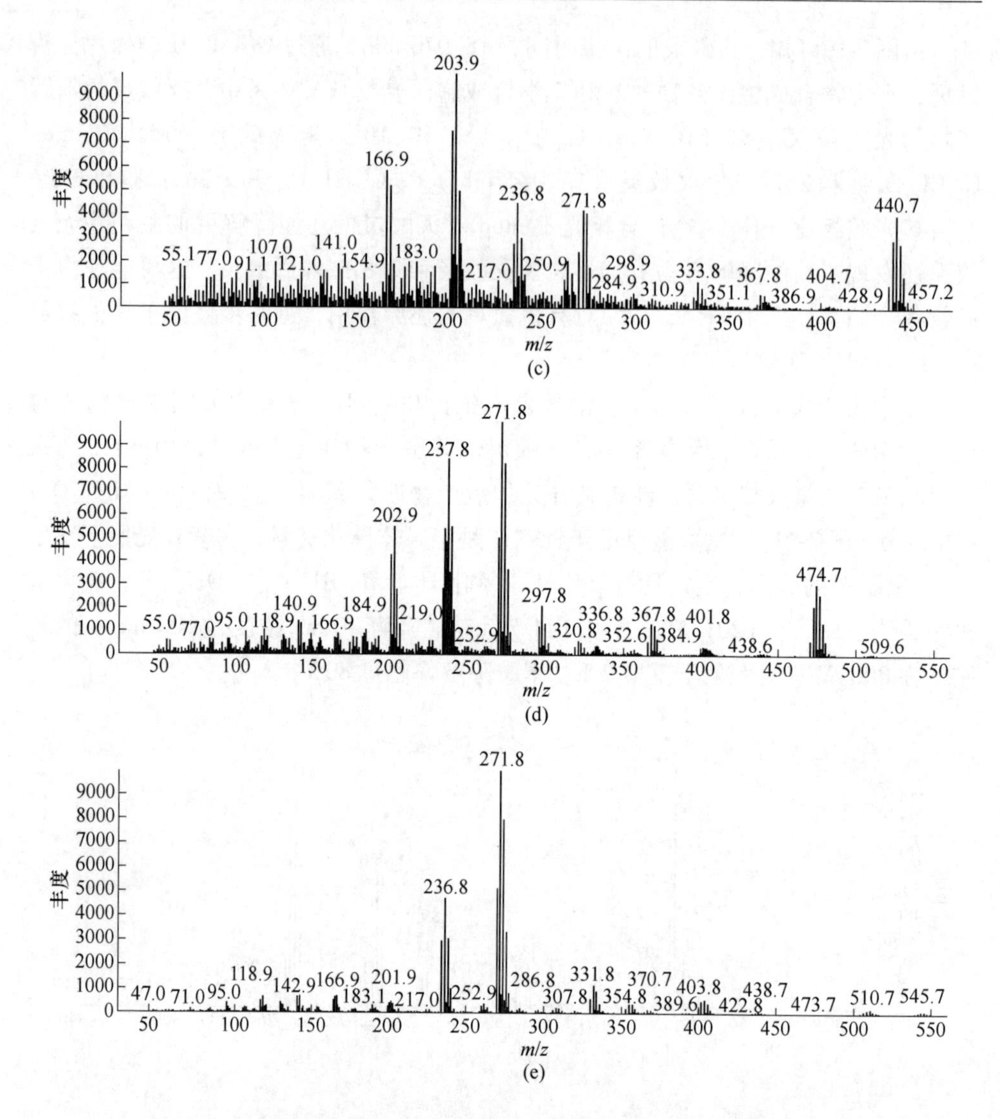

图 7-10　化学合成针铁矿/UV 体系中灭蚁灵及其降解产物的 MS 图

(a) $C_6Cl_4O_2$；(b) $C_{10}Cl_{10}H_2$（2,8-二氢灭蚁灵）；

(c) $C_{10}Cl_{10}H_2$（10,10-二氢灭蚁灵）；(d) $C_{10}Cl_{11}H$；(e) $C_{10}Cl_{12}$

以往研究表明，灭蚁灵在环境中发生脱氯加氢的还原反应，其降解产物主要为 $C_{10}Cl_{11}H$、$C_{10}Cl_{10}H_2$ 及其同分异构体，且生成的产物抵制进一步的降解（Alley et al.，1973；Norstrom et al.，1980；Mudambi et al.，1988；Burns et al.，1997），但在本实验的化学合成针铁矿/UV 体系中，灭蚁灵降解更彻底，其产物有开笼加氧结构的四氯苯醌。因此，化学合成针铁矿/UV 是处理模拟洗脱液中灭蚁灵的有效技术。

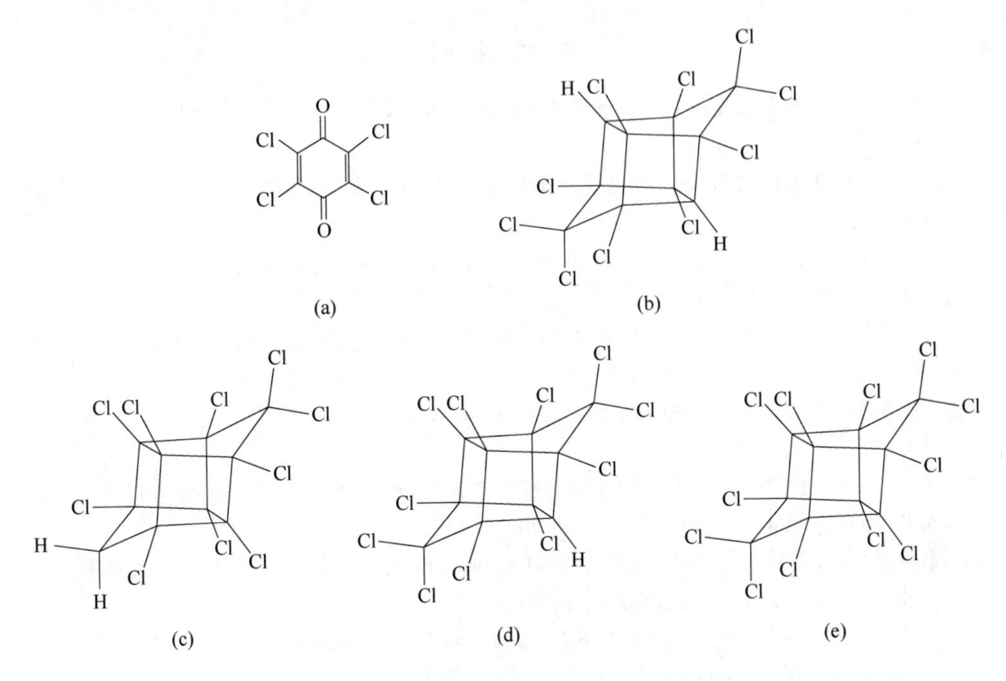

图 7-11　灭蚁灵及其降解产物的分子结构图

（a）出峰时间为 9.719 min 的 $C_6Cl_4O_2$；（b）出峰时间为 15.084 min 的 $C_{10}Cl_{10}H_2$；（c）出峰时间为 15.840 min 的 $C_{10}Cl_{10}H_2$；（d）出峰时间为 16.516 min 的 $C_{10}Cl_{11}H$；（e）出峰时间为 18.076 min 的 $C_{10}Cl_{12}$

7.3　本 章 小 结

（1）均相 H_2O_2/UV、Fenton/UV 体系对模拟洗脱液中灭蚁灵的降解而言与光降解相比并无明显优势。

（2）生物合成施氏矿物/UV、化学合成施氏矿物/UV 和化学合成针铁矿/UV 构成的异相光 Fenton 体系对模拟洗脱液中灭蚁灵的去除效率较高，均大于 73%，但额外添加 H_2O_2 并不能进一步提高灭蚁灵的去除率，反而降低其降解率。

（3）模拟洗脱液中部分灭蚁灵被吸附在矿物表面，通过吸附作用将其从洗脱液中移除。

（4）生物合成施氏矿物/UV 和化学合成施氏矿物/UV 体系中，灭蚁灵的降解产物为光灭蚁灵、10,10-二氢灭蚁灵和 2,8-二氢灭蚁灵。化学合成针铁矿/UV 体系中，灭蚁灵的降解产物除光灭蚁灵、10,10-二氢灭蚁灵和 2,8-二氢灭蚁灵外，还检测到开笼产物四氯苯醌。

（5）化学合成针铁矿/UV 是处理模拟洗脱液中灭蚁灵的有效技术。

参考文献

姜欣伶，2012. 以光芬顿程序处理含有界面活性剂（Triton X-100）废水之研究［D］. 台湾：中兴大学.

李浙英，2010. 施氏矿物的合成、预处理及其在地下水除 As（Ⅲ）中的应用研究［D］. 南京：南京农业大学.

孙红福，赵峰华，从志远，等，2006. 在我国发现的 Schwertmannite 矿物及其特征［J］. 岩物学报，26（1）：38-42.

王鹤茹，2014. 鸟粪石结晶法联合光催化氧化技术处理城市垃圾渗滤液的研究［D］. 南京：南京农业大学.

熊慧欣，2008. 羟基氧化铁（FeOOH）的合成及对污染水体中 Cr（Ⅵ）的去除［D］. 南京：南京农业大学.

熊慧欣，梁剑茹，徐轶群，等，2009. 不同因素影响下 Fe（Ⅲ）水解中和法制备 FeOOH 矿相的光谱分析［J］. 光谱学与光谱分析，29（7）：2005-2009.

周顺桂，周立祥，陈福星，2007. 施氏矿物 Schwertmannite 的微生物法合成、鉴定及其对重金属的吸附性能［J］. 光谱学与光谱分析，27（2）：367-370.

ALLEY E G，DOUGLAS A D，LAYTON B R，et al.，1973. Photchemistry of mirex［J］. Jounal of Agricultural and Food Chemistry，21（1）：138-139.

BANFIELD J F，ZHANG H，2001. Nanoparticles in the environment［J］. Rev. Mineral. Geochem.，44（1）：1-58.

BIGHAM J M，CARLSON L，MURAD E，1994. Schwertmannite，a new iron oxyhydroxysulfate from pyhäsalmi，Finland and other localities［J］. Mineralogical Magazine，58：641-648.

BIGHAM J M，SCHWERTMANN U，CARLSON L，et al.，1990. A poorly crystallized oxyhydroxysulfate of iron formed by bacterial oxidation of Fe（Ⅱ） in acid mine waters［J］. Geochimica et Cosmochimca Acta，54（10）：2743-2758.

BIGHAM J M，SCHWERTMANN U，PFAB G，1996. Influence of pH on mineral speciation in a bioreactor simulating acid mine drainage［J］. Appl. Geochem.，11（6）：845-849.

BURNS S E，HASSETT J P，ROSSI M V，1996. Binding effects on humic-mediated photoreaction：Intrahumic dechlorination of mirex in water［J］. Environmental Science and Technology，30（10）：2934-2941.

BURNS S E，HASSETT J P，ROSSI M V，1997. Mechanistic implications of the intrahumic dechlorination of mirex［J］. Environmental Science and Technology，31（5）：1365-1371.

FUJIMORI K，HO I K，MEHENDALE H M，1980. Assessment of photomirex toxicity in the mouse［J］. Journal of Toxicology and Environmental Health，6（4）：869-876.

GUIMARÃES I R，OLIVEIRA L C A，QUEIRONZ P F，et al.，2008. Modified goethites as catalyst for oxidation of quinoline：Evidence of heterogeneous Fenton process［J］. Applied Catalysis A：General，347（1）：89-93.

HERMOSILLA D，CORTIJO M，HUANG C P，2009. Optimizing the treatment of landfill leachate by converntional Fenton and photo-Fenton processes［J］. Science of the Total Environment，407（11）：

3473-3481.

LI X Y, HUANG Y, LI C, et al., 2015. Degradation of *p*CNB by Fenton like process using α-FeOOH [J]. Chemical Engineering Journal, 260: 28-36.

LIAO Y H, ZHOU L X, BAI S Y, et al., 2009. Occurrence of biogenic schwertmannite in sludge bioleaching environments and its adverse effect on solubilization of sludge-borne metals [J]. Applied Geochemistry, 24(9): 1739-1746.

LIU G L, LIAO S J, ZHU D W, et al., 2011. Photodegradation of aniline by goethite doped with boron under ultraviolet and visible light irradiation [J]. Materials Research Bulletin, 46(8): 1290-1295.

MOHAPATRA M, ANAND S, 2010. Synthesis and applications of nano-structured iron oxides/hydroxides-a review [J]. International Journal of Engineering, Science and Technology, 2(8): 127-146.

MUDAMBI A R, HASSETT J P, 1988. Photochemical ativity of mirex associated with dissolved organic matter [J]. Chemosphere, 17(6): 1133-1146.

MURAD E, BISHOP J L, 2000. The infrared spectrum of synthetic akaganéite, β-FeOOH [J]. American Mineral, 85(5/6): 716-721.

MURGOLO S, PETRONELLA F, CIANNARELLA R, et al., 2015. UV and solar-based photocatalytic degradation of organic pollutants by nano-sized TiO_2 grown on carbon nanotubes [J]. Catalysis Today, 240(Part A): 114-124.

NORSTROM R J, HALLETT D J, 1980. Mirex and its degradation products in Great Lakes herring gulls [J]. Environmental Science and Technology, 14(7): 860-866.

PIGNATELLO J J, OLIVEROS E, MACKAY A, 2006. Advanced oxidation processes for organic contaminant destruction based on the Fenton reaction and related chemistry [J]. Critical Reviews in Environmental Science and Technology, 36(1): 1-84.

RANDALL S R, SHERMAN D M, RAGNARSDOTTIR K V, et al., 1999. The mechanism of cadmium surface complexation on iron oxyhydroxide minerals [J]. Geochimica et Cosmochimca Acta, 63(19/20): 2971-2987.

REGENSPURG S, BRAND A, PEIFFER S, 2004. Formation and stability of schwertmannite in acidic mining lakes [J]. Geochimica et Cosmochimca Acta, 68(6): 1185-1197.

SILVA S S, CHIAVONE-FIHO O, BARROS NETO E L, et al., 2015. Oil removal from prouced water by conjugation of flotation and photo-Fenton processes [J]. Journal of Environmental Management, 147(1): 257-263.

VELOUTSOU S, BIZANI E, FYTIANOS K, 2014. Photo-Fenton decomposition of β-blockers atenolol and metoprolol; study and optimization of system parameters and identification of intermediates [J]. Chemosphere, 107: 180-186.

WANG C K, SHIH Y H, 2015. Degradation and detoxification of diazinon by sono-Fenton and sono-Fenton-like processes [J]. Separation and Purification Technology, 140(22): 6-12.

WANG W M, SONG J, HAN X, 2013. Schwertmannite as a new Fenton-like catalyst in the oxidation of phenol by H_2O_2 [J]. Journal of Hazardous Materials, 262(15): 412-419.

WANG Y B, HONG C S, 1999. Effect of hydrogen peroxide, periodate and persulfate on photocatalysis of 2-chlorobiphenyl in aqueous TiO_2 suspensions [J]. Water Research, 33(9): 2031-2036.

XU J J, XU Z H, ZHANG M, et al., 2015. Impregnation synthesis of TiO_2/hydroniumjarosite composite with enhanced property in photocatalytic reduction of Cr(Ⅵ) [J]. Materials Chemistry and Physics, 152(15): 4-8.

XU Z H, LIANG J R, ZHOU L X, 2013. Photo-Fenton-like degradation of azo dye methyl orange using synthetic ammonium and hydronium jarosite [J]. Journal of Alloys and Compounds, 546(5): 112-118.

ZHANG Y L, WAN Y F, 2014. Heterogeneous photocatalytic degradation of Triton X-100 in aqueous TiO_2 suspensions [J]. American Journal of Environmental Protection, 3(1): 28-35.

ZHAO X, QUAN X, ZHAO Y Z, et al., 2004. Photocatalytic remediation of γ-HCH contaminated soils induced by α-Fe_2O_3 and TiO_2 [J]. Journal of Environmental Sciences, 16(6): 938-941.

8 化学合成施氏矿物及针铁矿对灭蚊灵的吸附研究

由第7章结果可知，以施氏矿物与针铁矿作为催化剂，采用异相光Fenton法去除模拟洗脱液中灭蚊灵取得了较好效果，同时施氏矿物与针铁矿对灭蚊灵具有吸附作用且其在降解污染物过程中起重要作用。

施氏矿物是Bigham等（1994）在研究酸性矿山废水沉积物时，发现的一种结晶度较差、亚稳态的次生羟基硫酸盐高铁矿物。针铁矿是一种结构稳定，土壤中最常见的铁氧化物。铁氧化物有较大的比表面积与特定组分的官能团，因此其在吸附农药方面有巨大优势（Bailey et al.，1970）。Gu等（1995）采用α-Fe_2O_3吸附天然有机物，结果显示，与水溶性小分子相比，非水溶性大分子更易于被铁氧化物吸附。Clausen和Fabricius（2001）报道三种铁氧化物Fe_2O_3、α-FeOOH、δ-FeOOH对农药氯苯氧丙酸、2,4-D和灭草松具有很强的吸附作用。

研究表明，异相光催化降解作用主要在催化剂表面进行（Xu et al.，2013；Zhou et al.，2015），因而研究矿物与污染物的吸附作用对研究异相光Fenton降解灭蚊灵的机理有重要意义。此外，在异相光降解过程中表面活性剂浓度及pH值对催化剂吸附污染物有重要影响（Clausen et al.，2001；Liu et al.，2011）。因此，本章选用化学合成施氏矿物与化学合成针铁矿对灭蚊灵进行吸附，研究两种矿物对灭蚊灵的吸附特性，进一步研究Triton X-100浓度及pH值对矿物吸附灭蚊灵的影响。

8.1 化学合成施氏矿物及针铁矿吸附灭蚊灵的实验材料与方法

8.1.1 化学合成施氏矿物及针铁矿吸附灭蚊灵的实验材料

灭蚊灵标样购自国家标准物质研究中心。

正己烷、丙酮、$FeSO_4 \cdot 7H_2O$、$Fe(NO_3)_3$、KOH、NaOH、浓H_2SO_4、无水硫酸钠（400 ℃烘4 h，冷却后储于密闭容器中备用）为分析纯；辛烷基聚氧乙烯醚（Triton X-100）为化学纯；0.22 μm尼龙滤膜；玻璃纤维滤膜。

8.1.2 施氏矿物及针铁矿的化学制备

详见7.1.2节。

8.1.3　施氏矿物及针铁矿吸附灭蚁灵的实验

8.1.3.1　施氏矿物及针铁矿吸附灭蚁灵动力学方程的比较

取若干份施氏矿物，约0.005 g，于500 mL三角瓶中，移入200 mL不同浓度的灭蚁灵溶液0.02～3.99 mg/L（0.8%丙酮助溶），于28 ℃、180 r/min避光条件下振荡。4 h后溶液过滤玻璃纤维滤膜，取适量滤液加入8 mL正己烷液液萃取3次，定容，过0.22 μm尼龙滤膜，测定其中的灭蚁灵含量。

$$\text{灭蚁灵吸附量}=\frac{\text{初始灭蚁灵含量}-\text{终止灭蚁灵含量}}{\text{矿物含量}}$$

配制不同浓度的灭蚁灵溶液0.02～3.77 mg/L（0.8%丙酮助溶）。取0.05 g针铁矿加入500 mL去离子水。混匀后，取5 mL悬浊液加入灭蚁灵溶液中，保持反应总体积为200 mL。其余过程同上。

8.1.3.2　Triton X-100影响施氏矿物及针铁矿吸附灭蚁灵的实验

取若干份施氏矿物，约0.005 g，于500 mL三角瓶中，移入200 mL浓度为2.39 mg/L的灭蚁灵水溶液（0.8%丙酮助溶）。加入不同含量的Triton X-100。使Triton X-100的最终浓度为0、0.01倍、0.1倍、1倍、10倍、20倍的CMC（CMC为144 mg/L）。其余过程同8.1.3.1节。

配制灭蚁灵水溶液，浓度为2.09 mg/L（0.8%丙酮助溶）。加入少量Triton X-100（其最终浓度梯度设为0、0.01倍、0.1倍、1倍、10倍和20倍的CMC）。取0.05 g针铁矿加入500 mL去离子水，混匀后，取10 mL悬浊液加入混合溶液中，保持反应总体积为210 mL。其余过程同8.1.3.1节。

8.1.3.3　pH值影响施氏矿物及针铁矿吸附灭蚁灵的实验

取若干份施氏矿物，约0.005 g，于500 mL三角瓶中，移入200 mL浓度为2 mg/L（0.8%丙酮助溶）的灭蚁灵水溶液。用NaOH和稀H_2SO_4调节溶液pH值分别为3、4、5、7、8与9。其余过程同8.1.3.1节。

配制灭蚁灵水溶液，浓度为2.29 mg/L（0.8%丙酮助溶）。取0.05 g针铁矿加入500 mL去离子水，混匀后，取10 mL悬浊液加入灭蚁灵溶液中，使反应总体积为210 mL。用NaOH和稀H_2SO_4调节pH值分别为3、4、5、7、8与9。其余过程同8.1.3.1节。

8.1.4　测定方法

采用GC-ECD测定灭蚁灵。色谱柱：HP-5（30.0 m×0.32 mm×0.25 μm，安捷伦科技有限公司）。进样量为1.0 μL（不分流进样），载气流速为1.5 mL/min

(99.999%高纯氮，恒流模式)，进样口温度为 280 ℃，使用 ECD 检测器；采用升温程序：初始温度 60 ℃保持 1 min，以 15 ℃/min 升温到 240 ℃，以 5 ℃/min 升温到 300 ℃，保持 10 min。

8.1.5 数据统计方法及制图

所有数据均采用 Excel 软件进行统计，采用 3 次重复的平均值 ± 标准偏差来表示。采用 SPSS 20.0 软件对实验结果进行单因素方差分析和新复极差测验。采用 Origin 软件绘图。

8.2 化学合成施氏矿物及针铁矿对灭蚁灵的吸附

8.2.1 施氏矿物及针铁矿对灭蚁灵的吸附等温线

Sticher 和 Phan（1997）报道 90% 的吸附在 4 h 内完成。为同时兼顾工作效率和矿物对灭蚁灵的充分吸附，本书把吸附平衡时间初步确定为 4 h。

灭蚁灵的初始浓度为 0.02 ~ 3.99 mg/L，施氏矿物和针铁矿的投加量分别为 25 mg/L 和 2.5 mg/L，混合悬浊液于 180 r/min 的摇床中平衡 4 h，28 ℃下两种矿物对灭蚁灵的吸附等温线如图 8-1 所示。施氏矿物和针铁矿对灭蚁灵的吸附量随灭蚁灵浓度的增大而增加，到达一定浓度后，吸附量趋于平缓。这与 Clausen 和 Fabricius（2001）的研究中铁氧化物对农药氯苯氧丙酸、2,4-D 和灭草松的吸附趋势一样。

施氏矿物和针铁矿对灭蚁灵有吸附作用，这可能是电负性化学品灭蚁灵通过分配作用、静电吸附、离子交换和氢键作用与矿物发生吸附作用（王劲文 等，2009）。Johnson 等（1998）发现 CCl_4 与铁氧化物表面形成外部空间的复合物，促进污染物的吸附。

施氏矿物和针铁矿对灭蚁灵的最大吸附量采用 Langmuir 方程来拟合（Langmuir 常数见表 8-1）。Langmuir 方程为：

$$q_s = q_{s,max} K_L c_e (1 + K_L c_e)^{-1}$$

式中，q_s 为平衡吸附后的吸附量，mg/g；c_e 为平衡后溶液的浓度，mg/L；$q_{s,max}$ 为最大吸附量，mg/g；K_L 为常数，L/mg。

由表 8-1 可知，施氏矿物和针铁矿对灭蚁灵的吸附符合 Langmuir 方程，且相关系数可达 0.99。施氏矿物与针铁矿对灭蚁灵的最大吸附量分别为 153 mg/g 和 770 mg/g。与针铁矿相比，施氏矿物对灭蚁灵的吸附量较低，这可能是由于施氏矿物的比表面积小于针铁矿（表 7-1）。Cao 等（2008）研究发现较大比表面积的黏粒和粉粒比沙粒更容易吸附污染物。

吸附速率常数 K 值是反映吸附性能的一个重要参数，K 值越大，表面吸附速

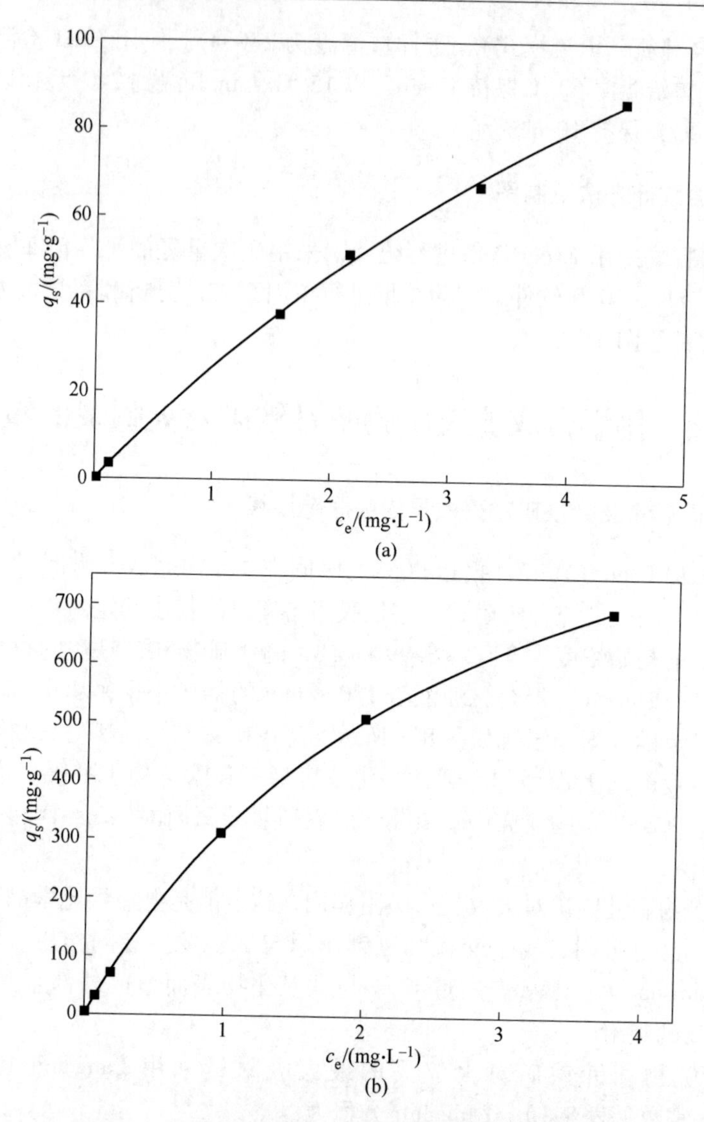

图 8-1　施氏矿物和针铁矿对灭蚁灵的吸附等温线

（a）施氏矿物；（b）针铁矿

率相对越快（邵兴华 等，2006）。由表 8-1 可知，相比施氏矿物，针铁矿吸附灭蚁灵的速率较快。

表 8-1　施氏矿物和针铁矿吸附灭蚁灵的 Langmuir 常数（K_L 和 $q_{s,max}$）

样品	K_L/(L·mg^{-1})	$q_{s,max}$/(mg·g^{-1})	R^2
施氏矿物	0.55±0.11	153±16.7	0.99
针铁矿	16.6±4.1	770±54	0.99

8.2.2 不同 Triton X-100 浓度对施氏矿物及针铁矿吸附灭蚁灵的影响

表面活性剂可显著影响污染物的吸附和解吸（Liu et al., 2011）。Triton X-100 浓度对施氏矿物及针铁矿吸附灭蚁灵的影响效果（pH 值未调）如图 8-2 所示。

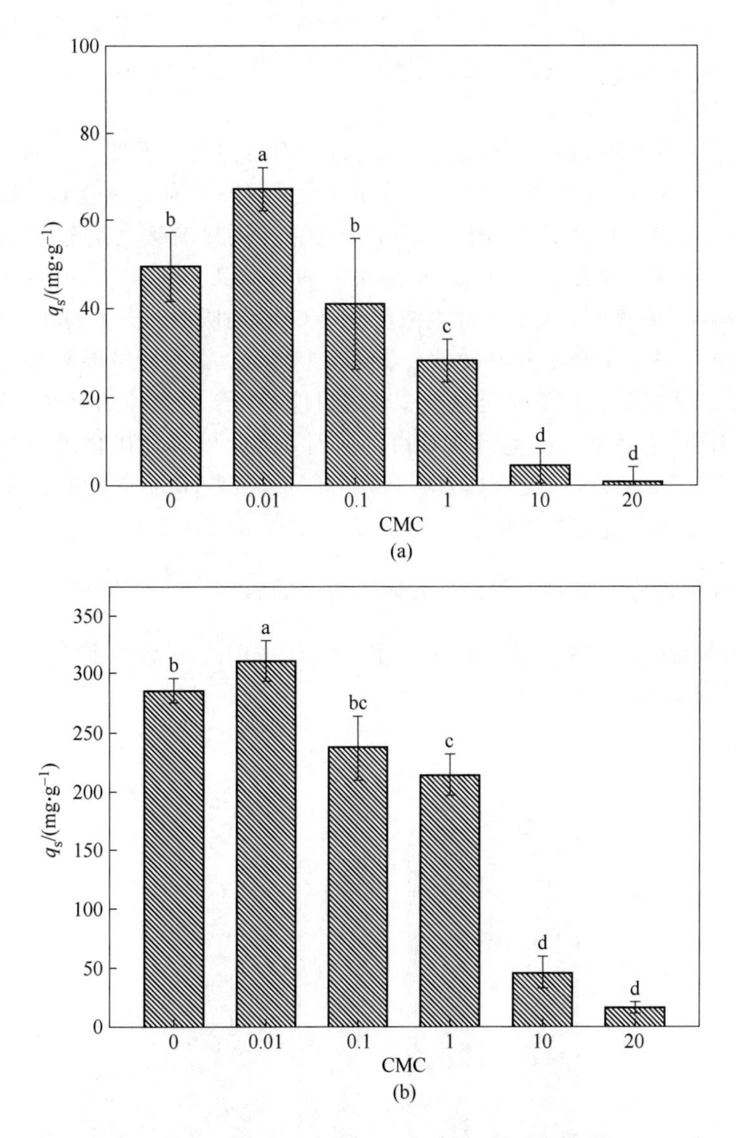

图 8-2 Triton X-100 浓度对施氏矿物和针铁矿吸附灭蚁灵效果的影响
（a）施氏矿物；（b）针铁矿

由图 8-2 可知，与无表面活性剂的体系相比，当吸附体系中表面活性剂

Triton X-100 的浓度为其 CMC 的 1% 时，灭蚁灵在铁氧化物上的吸附明显增加，灭蚁灵在施氏矿物和针铁矿上的吸附量增加了 35.6% 和 8.7%，分别为 67.4 mg/g 和 311.4 mg/g。然而，当 Triton X-100 的浓度超过 CMC 的 10% 时，灭蚁灵在铁氧化物上的吸附逐渐减少。当体系中 Triton X-100 的浓度为 1 CMC 时，灭蚁灵在施氏矿物和针铁矿上的吸附量分别为 28.2 mg/g 和 214.4 mg/g，与无表面活性剂的体系相比，吸附降低了 43.2% 和 25.1%。继续增加 Triton X-100 的浓度至 10 CMC 时，灭蚁灵在施氏矿物和针铁矿上的吸附量分别为 4.3 mg/g 和 46.1 mg/g，仅为对照实验的 8.7% 和 16.1%。

这主要是由于表面活性剂浓度很低时，表面活性剂分子可以吸附在铁氧化物表面，为灭蚁灵提供新的吸附位点，从而导致灭蚁灵吸附量的增加。随着表面活性剂浓度的增加至 CMC，表面活性剂形成胶束，灭蚁灵被大量分配到疏水性的胶束中心，导致吸附大量减少（Sun et al.，1995；Chin et al.，1996；Cao et al.，2008）。早期实验表明，表面活性剂浓度高于 CMC 时吸附量开始减少（Sun et al.，1995；Chin et al.，1996；Cao et al.，2008）。然而，本实验结果显示，当表面活性剂浓度为 CMC 时，吸附量已经减少。这可能是由于灭蚁灵的存在，使得 Triton X-100 的 CMC 值降低，提前形成胶束，从而导致灭蚁灵在矿物表面的吸附量减少。这与 Liu 等（2011）发现体系中存在五氯酚导致 Triton X-100 的 CMC 变小、提前形成胶束的研究结果相似。

8.2.3　pH 值对施氏矿物及针铁矿吸附灭蚁灵的影响

pH 值是影响矿物吸附农药的一个重要因素。pH 值对施氏矿物及针铁矿吸附灭蚁灵的影响如图 8-3 所示。

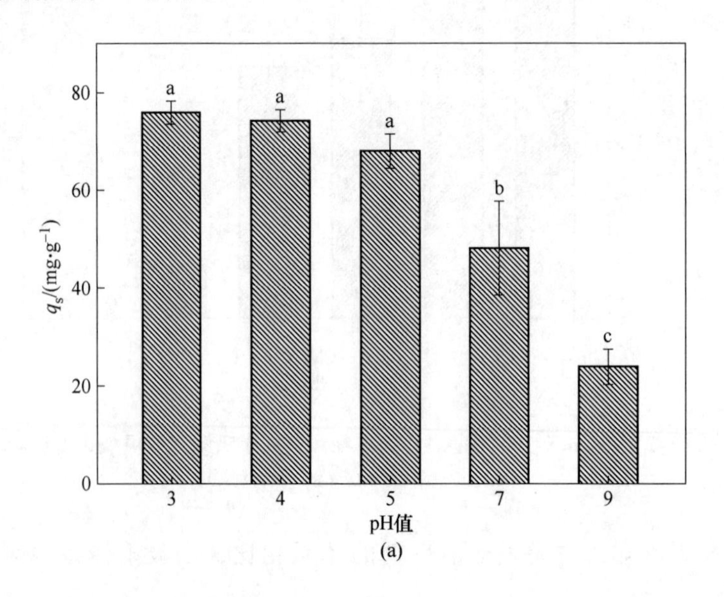

(a)

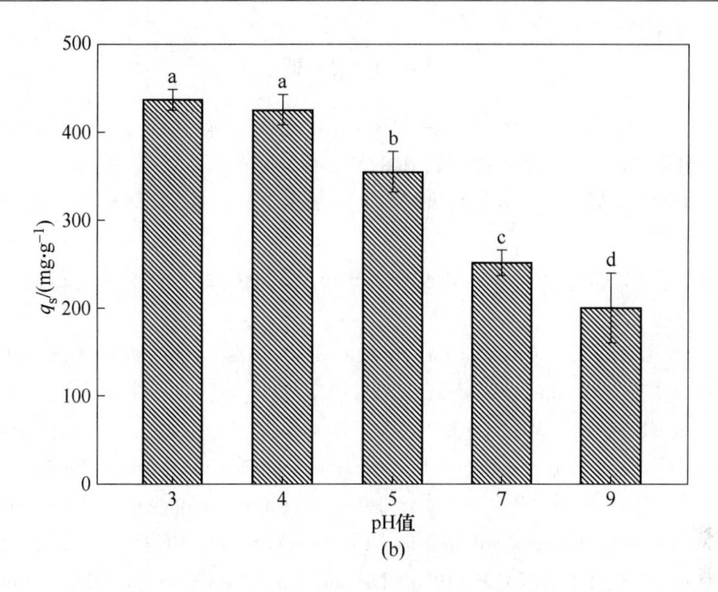

图 8-3 pH 值对施氏矿物和针铁矿吸附灭蚁灵效果的影响
（a）施氏矿物；（b）针铁矿

总体而言，两种矿物对灭蚁灵的吸附量随着 pH 值（3～9）的升高而降低，当 pH 值为 3 时，灭蚁灵在施氏矿物与针铁矿上的吸附量分别为 75.9 mg/g 和 437.3 mg/g。与 pH 值为 3 的体系相比，体系中 pH 值为 5 时，施氏矿物与针铁矿对灭蚁灵的吸附分别降低了 10.4% 和 18.9%。进一步升高 pH 值为 9，灭蚁灵在施氏矿物与针铁矿上的吸附量分别为 23.9 mg/g 和 200.4 mg/g。这可能是由于低 pH 值下矿物表面带正电荷与电负性灭蚁灵分子发生作用，而在高 pH 值下矿物表面带较多的负电荷，静电斥力的增加阻碍了灭蚁灵在吸附剂表面的吸附，因此两种矿物对灭蚁灵的吸附量均有所降低。这与汤灿（2005）采用 Fe_3O_4 对萘、甲基对硫磷和西维因吸附的研究结果类似。

8.3 本 章 小 结

（1）化学合成施氏矿物和化学合成针铁矿对灭蚁灵的吸附均可用 Langmuir 方程来描述，其相关系数均大于 0.99。施氏矿物与针铁矿对灭蚁灵的最大吸附量分别为 153 mg/g 和 770 mg/g。

（2）化学合成施氏矿物和化学合成针铁矿对灭蚁灵的吸附作用随 Triton X-100 浓度的增大呈先上升后逐渐降低的趋势，其中 0.01 CMC 为临界浓度，而当 Triton X-100 的浓度为 10 CMC 时，化学合成施氏矿物与针铁矿对灭蚁灵的最大吸附量分别只有 4.3 mg/g 和 46.1 mg/g。

（3）两种矿物对灭蚁灵的吸附量随着 pH 值（3～9）的降低而升高。

参 考 文 献

绍兴华，章永松，林咸永，等，2006. 三种铁氧化物的磷吸附解吸特性以及与磷吸附饱和度的关系［J］. 植物营养与肥料学报，12(2)：208-212.

汤灿，2005. 表面活性剂对金属氧化物吸附与光解疏水性有机物的影响［D］. 长沙：湖南农业大学.

王劲文，刘文，巩莹，等，2009. 菲与吡啶在沉积物及黏土矿物上的吸附行为［J］. 环境化学，28(2)：185-190.

BAILEY G W, WHITE J L, 1970. Factors influencing the adsorption, desorption and movement of pesticides in soil [J]. Residue Reviews, 32: 29-92.

BIGHAM J M, CARLSON L, MURAD E, 1994. Schwertmannite, a new iron oxyhydroxysulfate from pyhäsalmi, finland and other localities [J]. Mineralogical Magazine, 58: 641-648.

CAO J, GUO H, ZHU H M, et al., 2008. Effects of SOM, surfactant and pH on the sorption-desorptionand mobility of prometryne in soils [J]. Chemosphere, 70(11): 2127-2134.

CHIN Y P, KIMBLE K, SWANK C R, 1996. The sorption of 2-methylnaphthalene by rossburg soil in the absence and presence of a nonionic surfactant [J]. Journal of Contaminant Hydrology, 22(1/2): 83-94.

CLAUSEN L, FABRICIUS I, 2001. Atrazine, isoproturon, mecoprop, 2,4-D and bentazone a dsorption onto iron oxides [J]. Journal of Environmental Quality, 30(3): 858-869.

GU B H, SCHMITT J, CHEN Z H, et al., 1995. Adsorption and desorption of different organic matter fractions on iron oxide [J]. Geochimica et Cosmochimica Acta, 59(2): 219-229.

JOHNSON T L, FISH W, GORBY Y A, et al., 1998. Degradation of carbon tetrachloride by iron metal: Complexation effects on the oxide surface [J]. Journal of Contaminant Hydrology, 29(4): 379-398.

LIU J W, HAN R, WANG H T, et al., 2011. Photoassisted degradation of pentachlorophenol in a simulated soil washing system containing nonionic surfactant Triton X-100 with La-B codoped TiO_2 under visible and solar light irradiation [J]. Applied Catalysis B: Environmental, 103(3): 470-478.

STICHER H, PHAN N A, 1977. Adsorption von 2,4-D an eisenoxidhydroxiden [J]. Mitteilungen der Deutschen Bodenkundlichen Gesellschaft, 25: 183-188.

SUN S B, INSKEEP W P, BOYD S A, 1995. Sorption of nonionic organic compounds in soil-water systems containing a micelle-forming surfactant [J]. Environmental Science and Technology, 29(4): 903-913.

XU Z H, LIANG J R, ZHOU L X, 2013. Photo-Fenton-like degradation of azo dye methyl orange using synthetic ammonium and hydronium jarosite [J]. Journal of Alloys and Compounds, 546(5): 112-118.

ZHOU C S, SUN L S, XIANG J, et al., 2015. The experimental and mechanism study of novel heterogeneous Fenton-like reactions using $Fe_{3-x}Ti_xO_4$ catalysts for Hg^0 absorption [J]. Proceedings of the Combustion Institute, 35(3): 2875-2882.

9 光催化氧化技术处理预吸附在施氏矿物和针铁矿表面的灭蚁灵及其机理研究

由第 7 章的研究结果可知，以生物、化学合成施氏矿物与化学合成针铁矿作为催化剂，采用异相光催化去除洗脱液中灭蚁灵取得了较好效果，但此过程中灭蚁灵降解不完全，部分灭蚁灵被催化剂吸附，需进一步处理。因此，为降解吸附在矿物表面的灭蚁灵，本章将预先吸附灭蚁灵的施氏矿物与针铁矿在 Triton X-100 溶液中进行紫外光照射，探究灭蚁灵的降解和解吸效果及其降解产物，旨在进一步了解异相光催化反应对灭蚁灵降解的可行性及反应机理。

9.1 光催化氧化技术处理预吸附在施氏矿物及针铁矿表面灭蚁灵的实验材料与方法

9.1.1 光催化氧化技术处理预吸附在施氏矿物及针铁矿表面灭蚁灵的实验材料

灭蚁灵标样购自国家标准物质研究中心。

正己烷、丙酮、$FeSO_4 \cdot 7H_2O$、$Fe(NO_3)_3$、KOH、重铬酸钾、NaOH、浓 H_2SO_4、无水硫酸钠（400 ℃烘 4 h，冷却后储于密闭容器中备用）为分析纯；辛烷基聚氧乙烯醚（Triton X-100）为化学纯；0.22 μm 尼龙滤膜。

9.1.2 预吸附灭蚁灵的施氏矿物及针铁矿的制备

取一定量矿物，均匀加入含灭蚁灵的丙酮溶液，待丙酮挥发后，多次搅拌混匀。测得污染的生物合成施氏矿物、化学合成施氏矿物和化学合成针铁矿中灭蚁灵含量分别为 5.66 mg/g、5.67 mg/g 和 5.61 mg/g。

9.1.3 预吸附灭蚁灵的施氏矿物及针铁矿的光催化降解实验

本实验研究了光催化氧化技术对预吸附在施氏矿物和针铁矿表面灭蚁灵的降解效果及其机理。生物合成施氏矿物、化学合成施氏矿物和化学合成针铁矿的装载量与 7.1.4 节相同。

取若干份 10 mL Triton X-100 溶液（浓度为 10 CMC）置于石英反应管中（长 150 mm，内径 18 mm），用 H_2SO_4 和 NaOH 调节溶液 pH 值为 3，并分别加入催化剂与一枚磁力搅拌转子，将石英反应管放置于 XPA-Ⅱ光化学反应仪中（距离光源 100 mm），反应溶液温度通过冷却水循环控制在(25 ± 2) ℃，用 500 W 中压汞灯（主波长为 365 nm 的紫外光）作为发射光源。反应 4 h 时，终止反应。

溶液中灭蚁灵的测定：反应结束后，样品于 3000 r/min 下离心，取适量上清液，加入 2 mL 铬酸，于 95 ℃下水浴 2 h。加入 8 mL 正己烷液液萃取 3 次，定容，过 0.22 μm 尼龙滤膜，测定灭蚁灵含量。每个处理重复 3 次。

灭蚁灵总残留量：反应结束后，取出适量上清液，剩余样品加入 H_2SO_4 或 HCl 溶解矿物，溶解后加入 2 mL 铬酸，于 95 ℃下水浴 2 h。加入 8 mL 正己烷液液萃取 3 次，定容，过 0.22 μm 尼龙滤膜，测定其中灭蚁灵含量及其中间产物。重复 3 次。得到的结果加上清液中灭蚁灵总量为灭蚁灵总残留量。

$$\text{矿物对灭蚁灵的吸附量} = \frac{\text{灭蚁灵总残留含量} - \text{溶液中灭蚁灵含量}}{\text{矿物量}}$$

9.1.4　测定方法

采用 Agilent 7890 GC-ECD 测定灭蚁灵。色谱柱：HP-5（30.0 m × 0.32 mm × 0.25 μm，安捷伦科技有限公司）。进样量为 1.0 μL（不分流进样），载气流速为 1.0 mL/min（99.999% 高纯氮，恒流模式），进样口温度为 280 ℃，使用 ECD 检测器；采用升温程序：初始温度为 60 ℃，以 10 ℃/min 升温到 240 ℃，以 5 ℃/min 升温到 300 ℃，保持 10 min。

采用 GC-MS（Agilent 7890A-5975C）测定灭蚁灵的产物。色谱柱：HP-5MS (30.0 m × 0.32 mm × 0.25 μm，安捷伦科技有限公司)。进样量为 1.0 μL（不分流进样），载气流速为 1.0 mL/min（99.999% 高纯氦气，恒流模式），进样口温度为 280 ℃，使用 MS 检测器；采用升温程序：初始温度为 60 ℃，以 10 ℃/min 升温到 240 ℃，以 5 ℃/min 升温到 300 ℃，保持 10 min。质谱条件：EI 离子源，轰击电压为 70 eV，扫描范围 m/z 为 45 ~ 550，离子源温度为 230 ℃，四级杆温度为 150 ℃，接口温度为 280 ℃，离子检测模式为全扫描。

9.1.5　数据统计方法及制图

所有数据均采用 Excel 软件进行统计，采用 3 次重复的平均值 ± 标准偏差来表示。采用 SPSS 20.0 软件对实验结果进行单因素方差分析和新复极差测验。采用 Origin 软件绘图。

9.2 光催化氧化技术处理预吸附在施氏矿物及针铁矿表面灭蚁灵的机理

9.2.1 预吸附灭蚁灵的施氏矿物及针铁矿光催化降解污染物的效果

预吸附灭蚁灵的生物合成施氏矿物/UV、化学合成施氏矿物/UV 和化学合成针铁矿/UV 在 Triton X-100 溶液（浓度为 10 CMC）中，环境温度为 25 ℃、pH = 3，于 500 W 汞灯下照射 4 h 时，灭蚁灵的降解情况如图 9-1 所示。

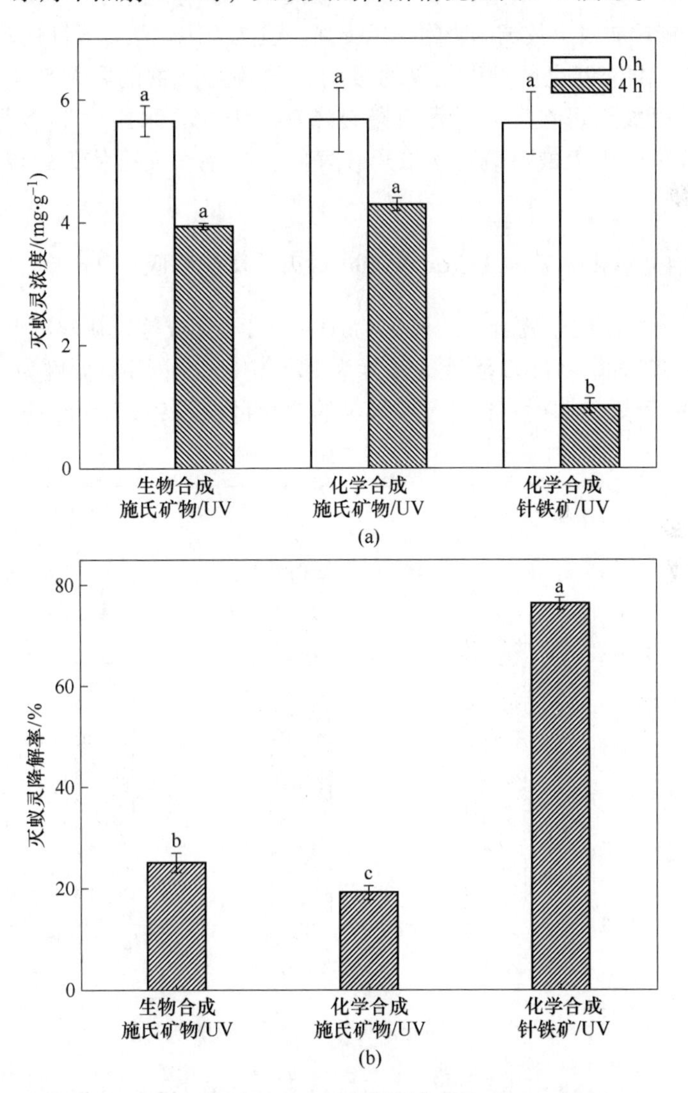

图 9-1 不同光催化体系中灭蚁灵降解前后的浓度及其降解率

（a）灭蚁灵降解前后的浓度；（b）灭蚁灵降解率

由图9-1可知，实验结束后，生物合成施氏矿物/UV、化学合成施氏矿物/UV和化学合成针铁矿/UV的催化体系中灭蚁灵的降解量分别为1.72 mg/g、1.38 mg/g和4.59 mg/g，残留量分别为3.94 mg/g、4.29 mg/g及1.02 mg/g。生物合成施氏矿物/UV和化学合成施氏矿物/UV的体系中灭蚁灵降解率分别为25.2%和19.2%。与生物合成施氏矿物/UV、化学合成施氏矿物/UV体系相比，化学合成针铁矿/UV催化体系中灭蚁灵的降解率较高，为76.3%。由第7章可知，由化学合成针铁矿和UV组成的异相光Fenton体系处理模拟洗脱液中的灭蚁灵，污染物的去除率可达88.1%、降解率为63.6%，大量的灭蚁灵被催化剂吸附，同时第8章研究结果也证实化学合成针铁矿对灭蚁灵的吸附作用很强。虽然采用化学合成针铁矿/UV处理模拟洗脱液时，由于催化剂对灭蚁灵的吸附，导致污染物的降解率不高，但被针铁矿吸附的灭蚁灵可在反应过程中慢慢降解。因此，采用化学合成针铁矿/UV处理模拟洗脱液中灭蚁灵既可以取得较好的去除率，又可使灭蚁灵在反应过程中慢慢降解。

9.2.2　异相光催化体系中Triton X-100对灭蚁灵的解吸

预吸附灭蚁灵的生物合成施氏矿物/UV、化学合成施氏矿物/UV和化学合成针铁矿/UV在Triton X-100溶液（浓度为10 CMC）中，环境温度为25 ℃、pH = 3，于500 W汞灯下照射4 h时，灭蚁灵的解吸量如图9-2所示。

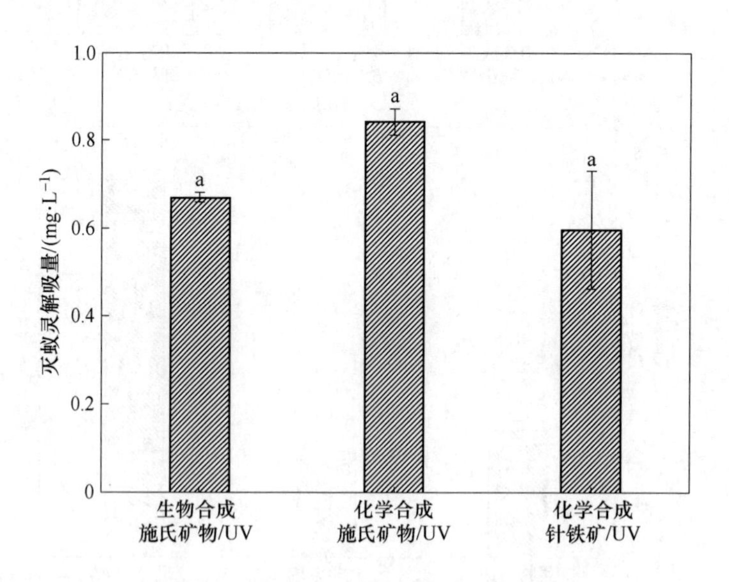

图9-2　不同光催化体系下灭蚁灵的解吸量

由图9-2可知，Triton X-100对生物合成施氏矿物/UV、化学合成施氏矿物/UV和化学合成针铁矿/UV样品中灭蚁灵的解吸量分别为0.67 mg/L、0.84 mg/L和

0.59 mg/L，仅占剩余量的7.0%、6.4%、23.1%，可见大量的灭蚁灵仍被矿物吸附。预吸附灭蚁灵的化学合成针铁矿/UV组成的异相光催化可有效降解灭蚁灵（图9-1），同时灭蚁灵的解吸量低（图9-2），说明在该反应过程中，灭蚁灵的降解主要发生在矿物表面。Kusvuran 和 Erbatur（2004）采用UV/Fenton、UV/Fe^{2+}、UV/H_2O_2 处理预吸附在蒙脱石上的污染物艾氏剂，在3种体系中艾氏剂的降解率均大于90%，同时解吸附实验结果显示，在反应结束后吸附在蒙脱石上的艾氏剂的解吸率仅有1.3%，说明在氧化过程中，艾氏剂的降解发生在蒙脱石表面而非水溶液中。

9.2.3 污染的施氏矿物及针铁矿异相光催化降解灭蚁灵的产物分析

预吸附灭蚁灵的生物合成施氏矿物/UV、化学合成施氏矿物/UV和化学合成针铁矿/UV的光催化体系中，灭蚁灵降解产物的GC谱图如图9-3所示。

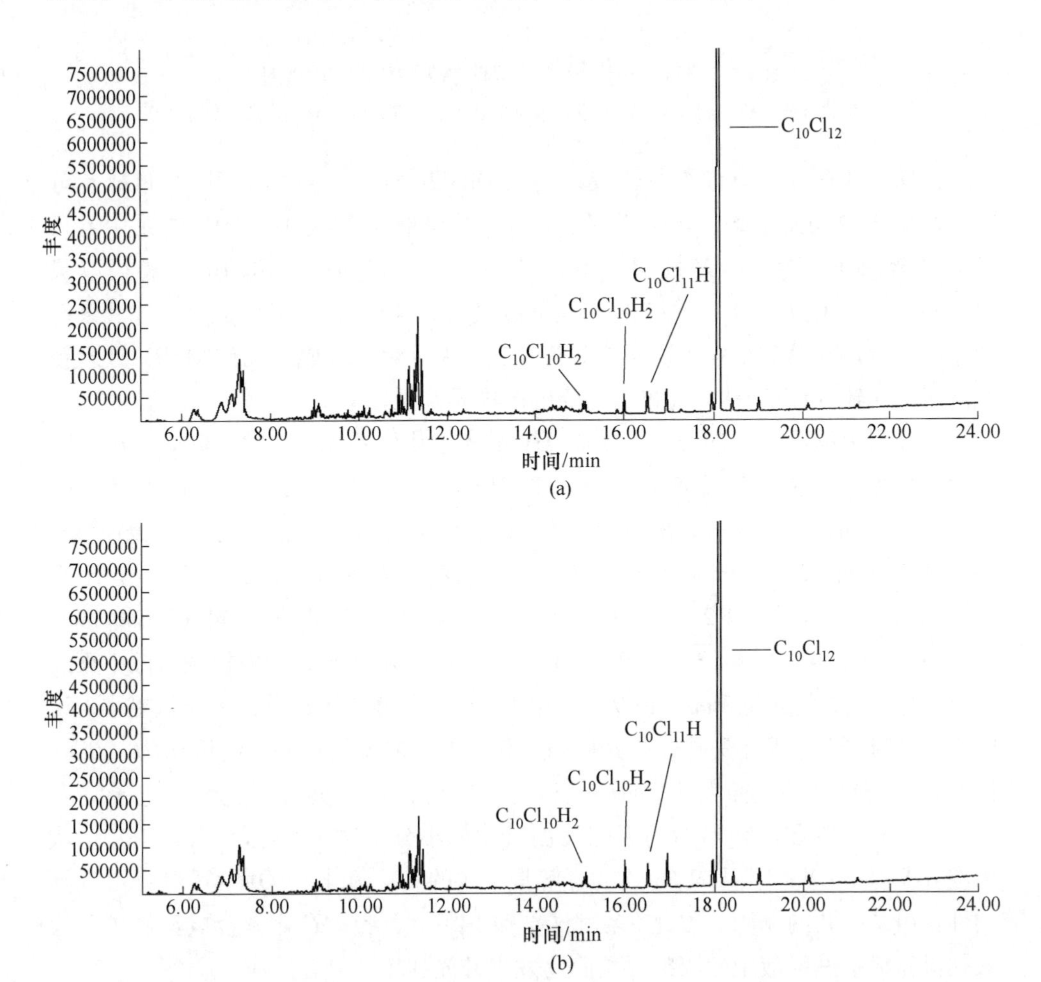

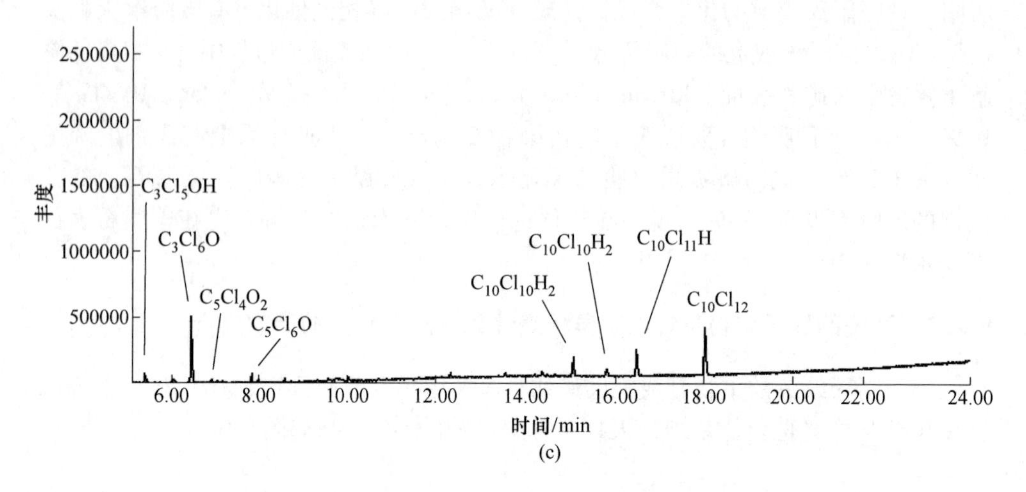

图 9-3　不同光催化体系中光降解灭蚁灵的 GC 谱图

（a）生物合成施氏矿物/UV；（b）化学合成施氏矿物/UV；（c）化学合成针铁矿/UV

由图 9-3 可知，灭蚁灵的出峰时间为 18.076 min，通过 GC-MS 质谱碎片分析预吸附灭蚁灵的生物合成施氏矿物/UV、化学合成施氏矿物/UV 体系中，灭蚁灵的降解产物为光灭蚁灵（16.516 min，$C_{10}Cl_{11}H$）、10,10-二氢灭蚁灵（15.840 min，$C_{10}Cl_{10}H_2$）和 2,8-二氢灭蚁灵（15.084 min，$C_{10}Cl_{10}H_2$），其余碎片未能确定。与第 7 章中生物合成施氏矿物/UV，化学合成施氏矿物/UV 处理模拟洗脱液相比（图 7-9），灭蚁灵的降解产物无差异。

预吸附灭蚁灵的化学合成针铁矿/UV 的光催化体系中，灭蚁灵的降解产物除还原产物光灭蚁灵（16.505 min，$C_{10}Cl_{11}H$）、10,10-二氢灭蚁灵（15.829 min，$C_{10}Cl_{10}H_2$）和 2,8-二氢灭蚁灵（15.072 min，$C_{10}Cl_{10}H_2$），还新增了其开笼加氧产物五氯-2-丙酮（5.404 min，C_3Cl_5OH）、六氯丙酮（6.450 min，C_3Cl_6O）、全氯-4-环戊烯-1,3-二酮（6.912 min，$C_5Cl_4O_2$）、六氯-2-环戊烯-1-丙酮（7.830 min，C_5Cl_6O）（图 9-4、图 9-5），与第 7 章化学合成针铁矿/UV 处理模拟洗脱液中灭蚁灵的开笼加氧产物四氯苯醌（图 7-9）相比，前者降解产物相对分子质量更小，说明灭蚁灵与化学合成针铁矿的充分接触，有利于其被氧化降解。分析认为，半导体针铁矿可在紫外光照射下，产生空穴-电子对，空穴具有氧化性，电子具有还原性，被吸附在矿物表面的灭蚁灵被氧化成小分子物质。Zhao 等（2007）认为在 α-Fe_2O_3/UV 体系中 γ-HCH 的降解是空穴的直接氧化、·OH、过氧自由基等活性自由基的共同作用。因此，在紫外光催化下，预吸附在化学合成针铁矿上的灭蚁灵比模拟洗脱液中的灭蚁灵更容易发生开笼加氧的氧化反应。

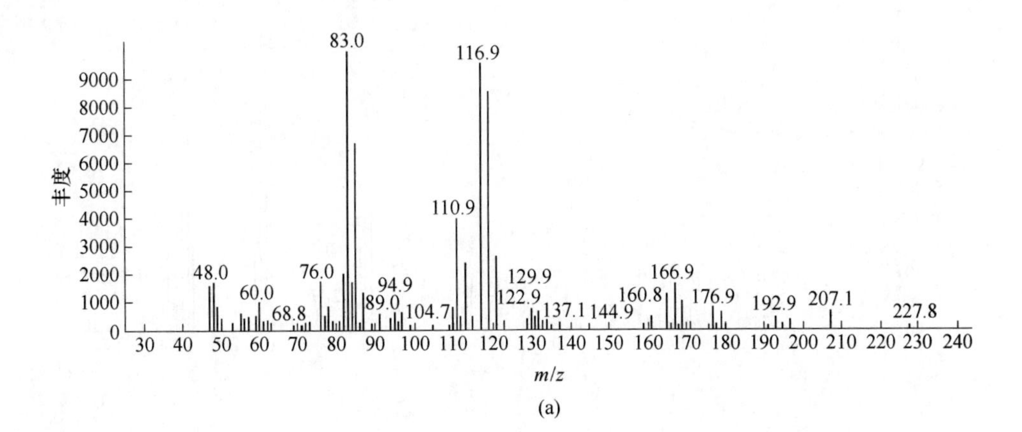

83.0
116.9
110.9
48.0
60.0
68.8
76.0
94.9
89.0
104.7
129.9
122.9
137.1
144.9
160.8
166.9
176.9
192.9
207.1
227.8
丰度
m/z

(a)

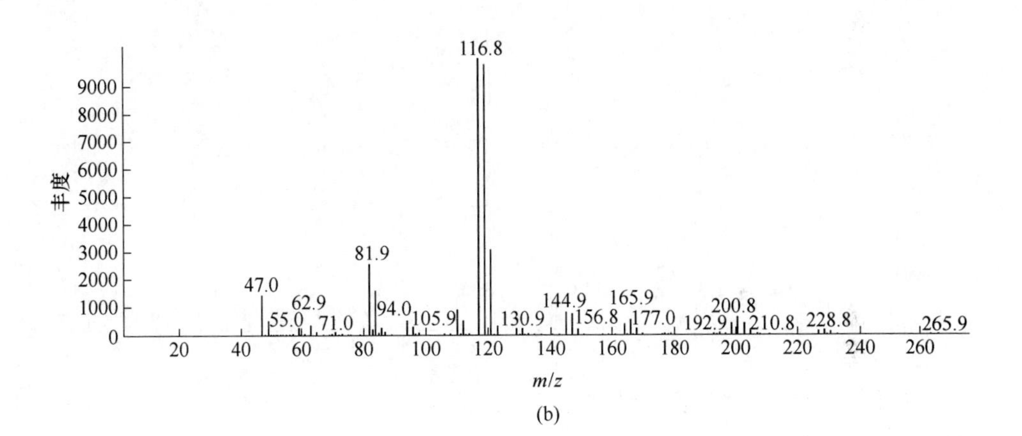

116.8
81.9
47.0
62.9
55.0
71.0
94.0
105.9
130.9
144.9
156.8
165.9
177.0
192.9
200.8
210.8
228.8
265.9
丰度
m/z

(b)

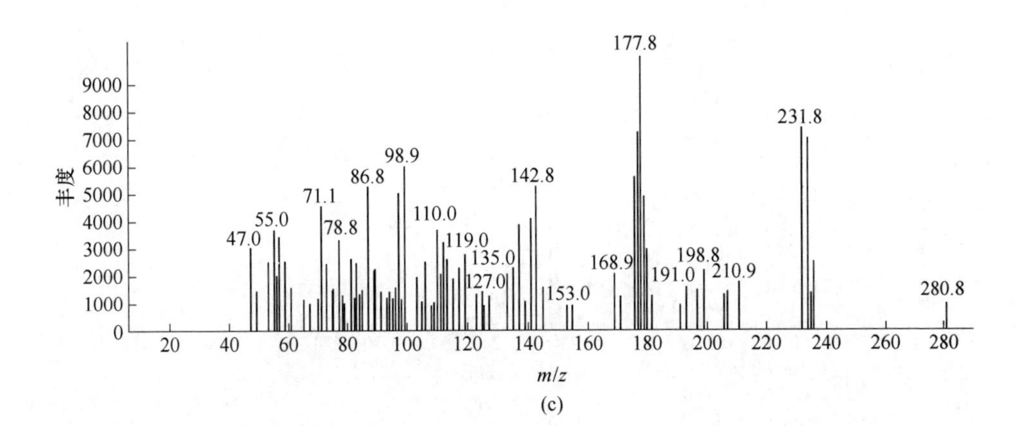

177.8
231.8
98.9
86.8
142.8
71.1
55.0
47.0
78.8
110.0
119.0
135.0
127.0
153.0
168.9
191.0
198.8
210.9
280.8
丰度
m/z

(c)

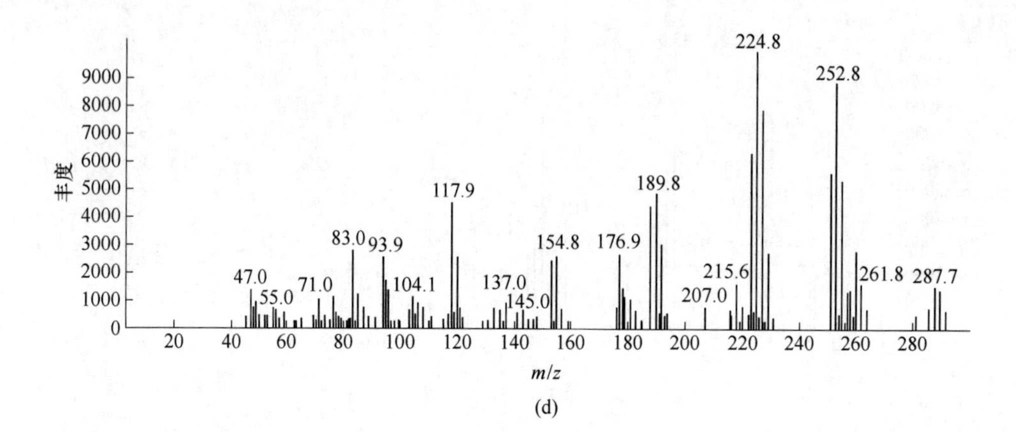
丰度
9000
8000
7000
6000
5000
4000
3000
2000
1000
0
20
40
60
80
100
120
140
160
180
200
220
240
260
280
m/z
47.0
55.0
71.0
83.0
93.9
104.1
117.9
137.0
145.0
154.8
176.9
189.8
207.0
215.6
224.8
252.8
261.8
287.7
(d)

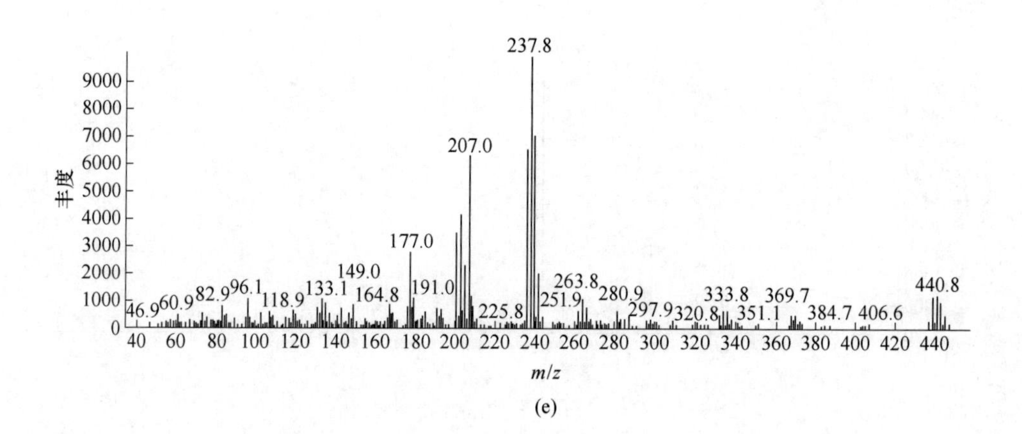
丰度
9000
8000
7000
6000
5000
4000
3000
2000
1000
0
40
60
80
100
120
140
160
180
200
220
240
260
280
300
320
340
360
380
400
420
440
m/z
46.9
60.9
82.9
96.1
118.9
133.1
149.0
164.8
177.0
191.0
207.0
225.8
237.8
251.9
263.8
280.9
297.9
320.8
333.8
351.1
369.7
384.7
406.6
440.8
(e)

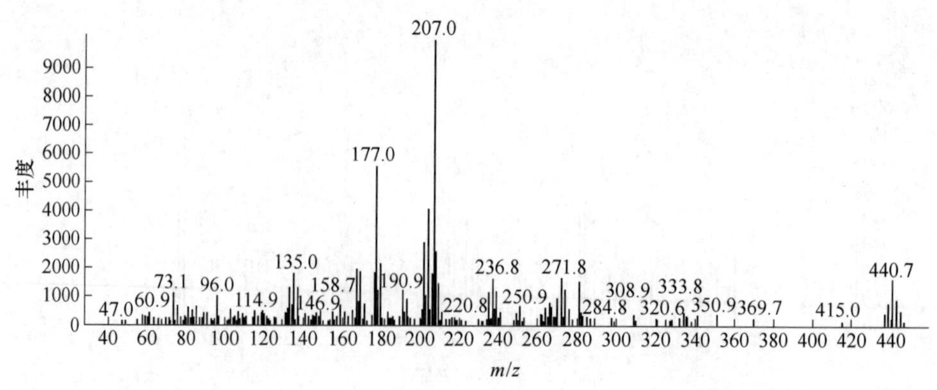
丰度
9000
8000
7000
6000
5000
4000
3000
2000
1000
0
40
60
80
100
120
140
160
180
200
220
240
260
280
300
320
340
360
380
400
420
440
m/z
47.0
60.9
73.1
96.0
114.9
135.0
146.9
158.7
177.0
190.9
207.0
220.8
236.8
250.9
271.8
284.8
308.9
320.6
333.8
350.9
369.7
415.0
440.7
(f)

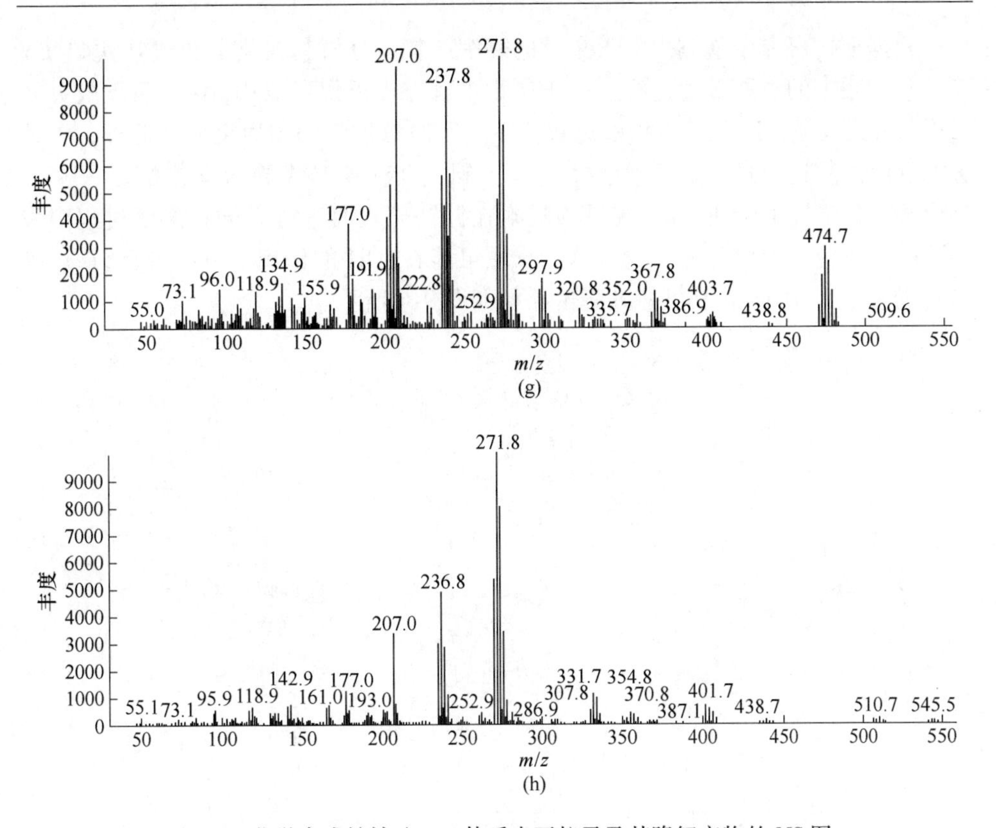

图 9-4 化学合成针铁矿/UV 体系中灭蚁灵及其降解产物的 MS 图

（a）C_3Cl_5OH；（b）C_3Cl_6O；（c）$C_5Cl_4O_2$；（d）C_5Cl_6O；（e）$C_{10}Cl_{10}H_2$（2,8-二氢灭蚁灵）；（f）$C_{10}Cl_{10}H_2$（10,10-二氢灭蚁灵）；（g）$C_{10}Cl_{11}H$；（h）$C_{10}Cl_{12}$

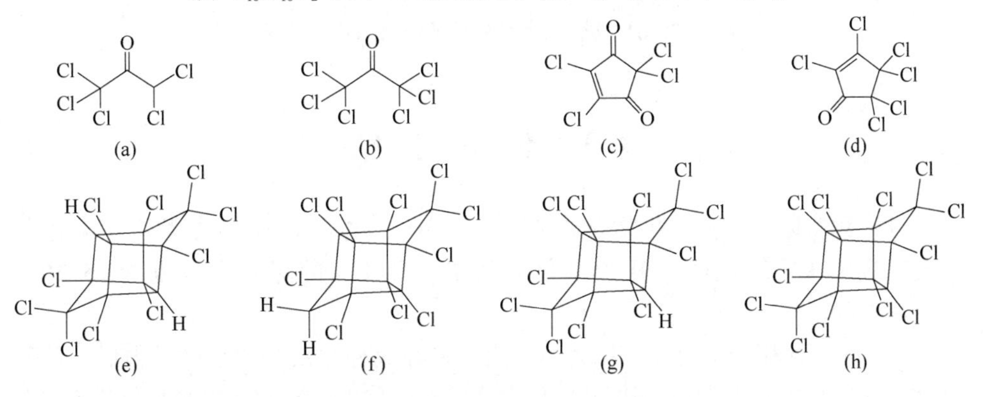

图 9-5 灭蚁灵及其降解产物的分子结构图

（a）出峰时间为 5.404 min 的 C_3Cl_5OH；（b）出峰时间为 6.450 min 的 C_3Cl_6O；（c）出峰时间为 6.912 min 的 $C_5Cl_4O_2$；（d）出峰时间为 7.830 min 的 C_5Cl_6O；（e）出峰时间为 15.072 min 的 $C_{10}Cl_{10}H_2$；（f）出峰时间为 15.829 min 的 $C_{10}Cl_{10}H_2$；（g）出峰时间为 16.505 min 的 $C_{10}Cl_{11}H$；（h）出峰时间为 18.052 min 的 $C_{10}Cl_{12}$

根据上述研究中检测出的灭蚁灵的降解产物，分析其在化学合成针铁矿/UV光催化体系中的主要降解途径。由于产物中含有光灭蚁灵、10,10-二氢灭蚁灵和2,8-二氢灭蚁灵，因此可以推断灭蚁灵发生了脱氯加氢的还原反应。此外，灭蚁灵的降解产物还包括五氯-2-丙酮、六氯丙酮、全氯-4-环戊烯-1,3-二酮、六氯-2-环戊烯-1-丙酮，因此推断灭蚁灵预吸附在针铁矿表面进行光催化降解过程中发生了氧化反应，形成开笼产物；这些物质可能在·OH 的作用下继续开环，最后被氧化成 CO_2 和 H_2O_2。其可能的降解路径如图 9-6 所示。

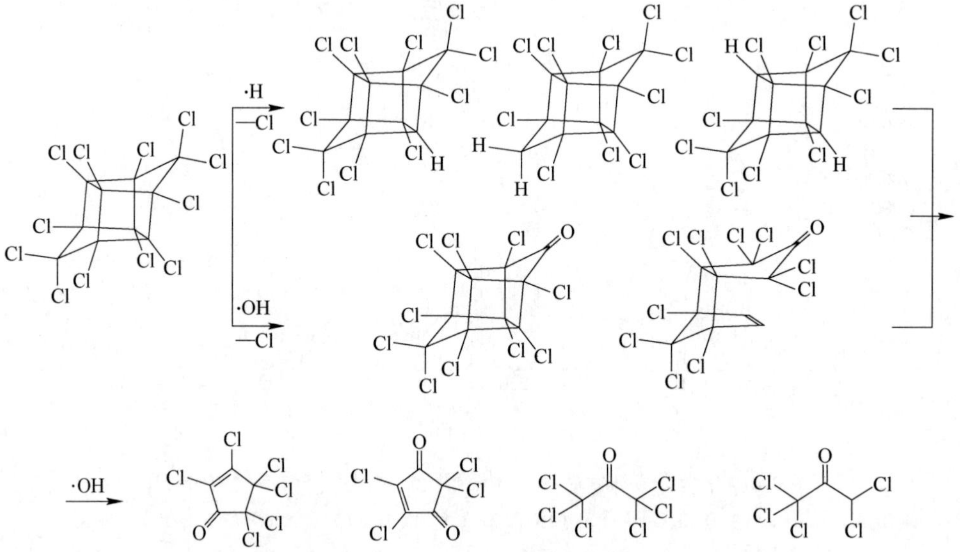

图 9-6　推测化学合成针铁矿/UV 降解灭蚁灵的路径图

9.3　本章小结

（1）预吸附灭蚁灵的生物合成施氏矿物/UV、化学合成施氏矿物/UV 和化学合成针铁矿/UV 组成的异相光催化体系中，灭蚁灵的降解率分别为 25.2%、19.2%和 76.3%。

（2）3 种异相光催化反应结束后，灭蚁灵在 3 种体系中的解吸量很低。预吸附灭蚁灵的生物合成施氏矿物/UV、化学合成施氏矿物/UV 和化学合成针铁矿/UV 组成的异相光催化体系中，灭蚁灵的降解主要发生在矿物表面。

（3）预吸附灭蚁灵的生物合成施氏矿物/UV、化学合成施氏矿物/UV 体系中，灭蚁灵的降解产物为光灭蚁灵、10,10-二氢灭蚁灵和 2,8-二氢灭蚁灵。预吸附灭蚁灵的化学合成针铁矿/UV 光催化体系中，灭蚁灵的降解产物除还原产物光灭蚁灵、10,10-二氢灭蚁灵和2,8-二氢灭蚁灵，还新增其开笼加氧产物五氯-2-丙酮、六氯丙酮、全氯-4-环戊烯-1,3-二酮和六氯-2-环戊烯-1-丙酮。灭蚁灵与化学合成针铁矿的充分接触，有利于其被氧化降解。

参 考 文 献

KUSVURAN E，ERBATUR O，2004. Degradation of aldrin in adsorbed system using advanced oxidation processes：Comparison of the treatment methods [J]. Journal of Hazardous Materials，106 (2/3)：115-125.

ZHAO X，QUAN X，CHEN S，et al.，2007. Photocatalytic remediation of γ-hexachlorocyclohexane contaminated soils using TiO_2 and montmorilonite composite photocatalyst [J]. Journal of Environmental Sciences，19(3)：358-361.

后　　记

在本书的撰写过程中，我详细探讨了针对有机氯农药污染的先进处理技术，特别是增效洗脱技术和光催化降解技术的应用和发展。通过9个章节的深入分析，本书不仅提供了关于这些技术的基础理论知识，还涉及了前沿的研究成果和创新方法。

在第1章中，我为读者搭建了有关有机氯农药污染的基本概念框架，并介绍了增效洗脱技术与光催化技术的研究进展。这为理解后续章节奠定了坚实的基础。特别值得一提的是，本书不仅关注于技术本身，还涵盖了催化剂的制备、催化活性测试、催化机理研究，显示了一个全方位、多角度的研究视角。例如，第2章和第3章的内容密切相关，分别从增效洗脱和光降解法的角度，深入探讨了处理氯丹和灭蚁灵污染土壤的有效方法。此外，第6章和第9章对于理解光催化过程中的复杂反应机制尤为关键。通过对这些复杂而又精细的主题的探讨，本书旨在为读者提供一个全面的视角，以理解和解决有机氯农药污染问题。在研究的每个步骤中，我努力保持科学严谨性的同时，也尽可能使内容对非专业读者友好。

感谢所有支持这项工作的人员。在未来，我期待着这一领域的进一步研究和技术进步，以更有效地应对环境污染问题。我也希望这本书能激发更多学者和实践者的兴趣，共同探索更多创新的方法，以保护我们的地球。

徐君君

2024年6月于渤海大学